科普经典译丛

KEPU JINGDIAN YICONG

活力地球

探索地表的奥秘

岩石与特殊地质

◎〔美〕乔恩·埃里克森 著

◎ 孙赫 侯奇峰 译

首都师范大学出版社

CAPITAL NORMAL UNIVERSITY PRESS

图书在版编目（CIP）数据

探索地表的奥秘：岩石与特殊地质/(美)乔恩·埃里克森著；孙赫，侯奇峰译.
—北京：首都师范大学出版社，2010.7
　（科普经典译丛.活力地球）
　ISBN 978-7-5656-0048-7

　Ⅰ.①探… Ⅱ.①乔… ②孙… ③侯… Ⅲ.①地表－演变－普及读物
Ⅳ.①P931.2-49

中国版本图书馆CIP数据核字(2010)第130751号

活力地球丛书

TANSUO DIBIAO DE AOMI—YANSHI YU TESHU DIZHI

探索地表的奥秘——岩石与特殊地质（修订版）

[美]乔恩·埃里克森 著

孙 赫 侯奇峰 译

项目统筹 杨林玉		版权引进 杨小兵 喜崇爽	
责任编辑 林 予		封面设计 王征发	
责任校对 李佳艺			

首都师范大学出版社出版发行
地　址　北京西三环北路105号
邮　编　100048
电　话　010-68418523（总编室）　68982468（发行部）
网　址　www.cnupn.com.cn
北京集惠印刷有限责任公司印刷
全国新华书店发行
版　次　2010年7月第1版
印　次　2013 年 2 月第 5 次印刷
开　本　787mm×1092mm　1/16
印　张　19.75
字　数　219千
定　价　45.00元

目录

简表   V

致谢   VII

序言   IX

简介   XI

1 地壳

大陆的形成过程

前寒武纪地盾 / 组成古老陆核的太古代绿岩带
克拉通 / 地体 / 结晶岩 / 陆壳 / 洋壳   1

2 剥蚀与沉积

地形的形成过程

剥蚀作用 / 水系 / 剥蚀地貌 / 沉积过程
沉积岩 / 沉积构造   23

3 标准地层剖面

岩石成因

地质年代 / 地球的年龄 / 动物群序列 / 相对年龄
岩石的相互关系 / 岩石定年 / 岩石建造 / 地质图   45

4 褶皱与断层
地貌的形成过程
构造作用 / 造山运动 / 地层的褶皱 / 断层类型
地垒与地堑 / 断层带 / 地震断层 / 地震　　　　　69

5 岩浆活动
火山岩与花岗岩
熔融岩浆 / 火山喷发 / 裂谷火山 / 火山口
火山岩 / 花岗岩侵入体 / 金伯利岩筒 / 与岩浆有关的矿床　　93

6 峡谷、河谷和盆地
地表的凹陷
陆地峡谷 / 洋底峡谷 / 陆壳裂谷 / 洋底裂谷
深海海沟 / 河谷 / 干涸盆地 / 大盆地　　　　　119

7 沙漠与海岸地形
风沙与海岸沙漠
沙漠的特征 / 风蚀作用 / 沙丘 / 海岸沙漠
海崖 / 海岸构造 / 珊瑚礁　　　　　141

8 冰川地形
冰川形成的地质结构
冰盖 / 冰川侵蚀 / 冰川沉积 / 冰川谷 / 冰川湖泊
流动的冰河 / 冰川地貌　　　　　165

9 地穴与溶洞
探索地表下的世界
洞穴的形成 / 喀斯特地形 / 天然桥 / 石灰石溶洞
熔岩洞穴 / 冰成洞穴 / 洞穴沉积 / 洞穴内的艺术　　　　　189

10 塌陷构造
地面的巨变

滑坡 / 液化现象 / 物质流失
地表沉降 / 灾难性垮塌　　　　　　　　　　　　211

11 陨石撞击坑
小行星和彗星对地球的撞击

小行星带 / 小行星和彗星 / 陨石坑形成速率
陨石撞击 / 陨石坑建造 / 冲击构造 / 陨石 / 陨石散布区　238

12 独特的形成过程
奇石的形成

石碑 / 石柱 / 吹蚀现象 / 壶穴 / 草地坑
喷气孔和热泉 / 火山口湖泊 / 熔岩湖泊　　　　　　263

结语　　　　　　　　　　　　　　　　　　　　　285

专业术语　　　　　　　　　　　　　　　　　　287

译后记　　　　　　　　　　　　　　　　　　　301

简表

1. 普通火成岩   16

2. 地壳的分类   19

3. 地壳的组分   20

4. 生物圈的演化   49

5. 地质时代范围   52

6. 地质定年中最常用的放射性同位素   61

7. 地震参数总结   91

8. 不同类型火山的比较   95

9. 罪行昭著的10大火山   100

10. 火山岩的分类   109

11. 世界上的海沟   130

12. 世界上主要的沙漠   149

13. 主要的冰期   175

14. 主要的土地类型   213

15. 主要小行星基本情况   241

16. 经过地球时距离最近的一些小行星   244

17. 大型陨石坑或冲击构造的分布情况   246

致谢

作者感谢美国国家航空航天局（NASA）、国家光学观测天文台（NOAO）、美国部队、美国工程部队、美国农业—林业服务部、农业—土壤保持服务部、美国能源部、美国地质调查局（USGS），并感谢美国海军为本书提供的图片。

还要感谢高级编辑Frank K.Darmstadt、助理编辑Cynthia Yazbek，感谢他们在本书整理过程中提供的帮助。

序言

与前几代人相比，今天我们旅行得更快、更远、更频繁，这为我们更好地了解我们周围世界的奥秘提供了机会。但是来去匆匆，我们通常会轻易错失了探索那些包含在岩石和地貌风景中的奥秘的机会。

地球是活动的星球，地球活动的时间尺度比我们日常生活的尺度要大得多，地球的组成部分无时不在发生着变化。岩石的风化作用可以直接观察识别，河谷偶尔在昼夜之间受到侵蚀，山脊慢慢地抬升，又缓慢地被剥蚀，速率之慢以至于我们很难察觉。随着地质时代的变迁，洋盆的深度和外形发生改变，缓慢的漂移也改变了洋盆的形状和与陆地的相对位置。地质时代持续地变迁是毋庸置疑的，而且证据就在我们身边，即使在不显眼的岩石中也包含了历史的证据，地质学家通过这些证据寻找逻辑和相互关系，同时也引起了对此好奇的感兴趣的业余爱好者的关注。

对于读者来说，埃里克森写《探索地表的奥秘——岩石与特殊地质》一书的初衷是作为地质科学的入门，让热心的、感兴趣的人了解来自岩石和岩石结构中的起源、性质和相关证据。此修订版的源起是基于人类对地壳分异、引起陆壳和洋盆变化的板块构造动力学的广泛共识。我们在接下来的章节当中浏览古老的火山岩和变质岩区的复杂地貌，更令人满意的是本书对沉积地区所作的详细分析，这些沉积地区是层状沉积之后遭风化和剥蚀的产物。如果地层遭到褶皱与断层作用的影响就会变得很错杂，但是通过地层中的化石并参考前面的岩石类别有助于建立各个裸露岩层之间的相互联系。最后本书介绍了一些特殊的地貌，如陨石冲击坑、裂谷带、剥蚀残积物、洞穴和垮塌构造。

欧内斯特 H. 穆勒 博士

简介

我们的星球给人印象最深的是大量的岩石形成和地质构造。地球表面被一薄层沉积物覆盖，在这薄薄的盖层上孕育了参差不齐的山脉和峡谷。剥蚀作用造就了迷人的地质现象，抬升和剥蚀作用造就了众多山脉，没有什么地形可以与山脉相媲美，水流和冰流在坚硬的岩石上雕刻出许多引人入胜的美景，风蚀作用将沉积物带走，侵蚀着陆地，形成风蚀盆地和沙坑。

地表水流创造了最壮观的自然工艺——空穴。经过漫长的地质时代，水带走了大量的可溶解的岩石，在地壳中形成大范围迷宫似的隧道。当岩浆房的顶部坍塌，或由于火山衰弱引起火山强烈收缩，这时就会形成火山口。随着地表物质的溶解或地下流体的消退会引起地表沉降。在地震和火山喷发过程中，地下沉积物发生流化作用，这也会引起地表其他一些毁坏发生。

本书描述了地壳岩石的形成过程和它们之间的相互作用，分析了风化作用、剥蚀作用和沉积过程及其所塑造出的地貌特征。文中还分类讨论了地球的地质特征，包括年代特征、相互作用和地质建造填图，解释了塑造地壳形状的作用力，包括地壳岩石的褶皱和断层，另外分析了改变星球形状的各类岩浆活动，包括火山和其他岩浆过程。

在介绍了组成地壳的基本块体之后，接下来的章节集中介绍各类岩石形成和地质构造。地球上一些主要的凹陷结构包括峡谷、裂谷带、海沟、河谷和盆地。地质地貌部分详细地描述了干旱和海岸地区，由冰川侵蚀、沉积形成的地形地貌和沿着相关断裂形成的洞穴。书中讨论了地表的破坏作用、塌陷构造及其对地表的影响，还介绍了陨石冲击形成的陨石坑。最后一章介绍独特的岩石建造和特殊地质活动形成的地质构造。

　　修订后的版本在岩石形成和地质构造方面作了大范围的扩充，狂热的科学爱好者将从引人入胜的叙述中得到享受，并更好地理解自然的力量是如何改变地球的。地质学和地球科学的学生也会发现这是一本对进一步学习非常有益的参考书。文中含有许多启发性的照片，并配有详细的说明和附表，读者会在清晰和通俗易懂的行文中得到享受。书中附上了全面详细的专业术语表，对复杂的术语作了阐述。改变我们星球地表形状的地质过程仅是自然界伟力的其中一例，正是这些自然伟力创造出充满活力的地球。

1

地壳

大陆的形成过程

　　本章介绍了地壳岩石，包括地盾、克拉通和构成地壳的岩层。地球和所有的类地行星，如水星、金星、火星，都有一个中心核，外面具有中间层或称为地幔，再外面被一层称为地壳的薄层覆盖。通常人们认为金属陨石是由早期小行星核在以后分解形成的。对金属陨石的研究表明地核由铁和镍组成。与地球同时形成的陨石具有与地球一样的年龄，据此我们估计地球的年龄大约是46亿年。此外月球岩石与地球上最古老的岩石具有相近的年龄，都是在大约40亿年前形成的，那时地壳开始从地幔中分离出来。

　　在早期的形成过程中，地球不停地受到大量巨大陨石的撞击，在此期间，撞击地球的陨石相当于三倍火星的大小。其中一个撞击事件可能导致一块大质量的物质从地球上飞离出去，进入地球运行轨道，成为太阳系中相对于母行星来说最大的一颗卫星，这可能是月球的形成过程。巨大的撞击也造成玄武岩的大量熔融，可能因此形成初始的大陆。大陆增长迅速，在42亿年之前发生爆发式的增长。地球在行星当中较为特殊，因为它是唯一已知的具有单独大陆的星球。实际上，大陆是浮在上地幔半熔融岩浆海上的巨厚花岗岩板片。

地表的所有岩石下面是厚层杂岩基底，由古老的花岗岩和变质岩组成，这些古老的岩石一直存在，年龄相当于地球年龄的9/10。这些岩石构成了大陆的核部，伴随着地幔与地壳的分离和地幔的去气作用形成地壳，大气和海洋也随之形成，在此期间这些古老岩石开始出现。这些岩石尽管年代比较古老，但是与现在岩石的组成很相似，这是这些岩石的一个显著特征，说明这种成岩过程在很早前就已经存在，并且活动了时间很长。

前寒武纪地盾

从40亿年前到25亿年前为太古代。从太古代开始，组成地球地幔的内部岩石开始冷却下来，形成永久的薄层玄武岩壳层，这层玄武岩在洋盆装满水之前由火山喷发形成。一些花岗质岩块夹在玄武岩壳层中，这些花岗质岩块聚集到一起形成微小陆块。由于花岗质岩块比玄武岩轻，可以保持在表面，并随着地幔对流的推拉运动自由地浮动。

这些花岗质地壳岩片与稳定基底岩石结合在一起，其他所有的岩石在这样的基底之上沉积。这种基底岩石构成大陆的核部，并且在又宽又低的穹隆构造处暴露出地表，这种构造叫做地盾。地盾是强烈抬升的地区，后来的沉积岩全部被剥蚀。许多地盾，如加拿大地盾（图1）覆盖了加拿大东部的大部分，并延伸到威斯康星和明尼苏达州，在冰川时期由于流动冰席的剥蚀，地盾全部暴露在地表。由于地幔柱造成的隆升和上面沉积物的剥蚀作用，从曼尼托巴到安大略的地盾全部暴露出来。北美一些最古老的岩石是加拿大地盾中25亿年的花岗岩。

在美国，最有价值的古岩石的露头是18亿年之久的维什努片岩，这是在科罗拉多大峡谷底部的一套变质岩（图2）。在亚利桑那北部，大峡谷的岩床之上沉积了厚达1英里（约1.6千米）的沉积岩，最老的岩石在800百万年

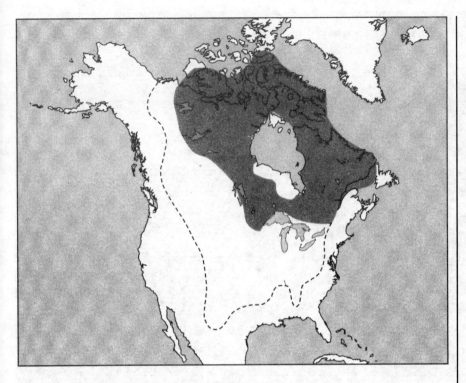

图1
加拿大地盾（暗色区域）和地台（虚线区域）

左右，因此留下10亿年的地质时代没有记录。在此阶段，大峡谷的底板受到剥蚀，因此在时代上造成一段空白，这称为间断。

组成古老陆核的太古代绿岩带

太古代绿岩带（图3）分布在地盾之间和地盾的周围，由变质的熔岩流和沉积物组成，这些沉积物很可能来自大陆碰撞形成的岛弧（俯冲带边缘的火山岛链）。绿岩带的绿色来源于绿泥石，绿泥石是一种绿色云母状矿物，绿岩带的出现标志着板块构造活动可能早在太古代就开始了。

蛇绿岩源于希腊语"ophis"，意思是蛇，因为蛇绿岩有着斑杂的绿色，其年代可以追溯到36亿年之前。在绿岩带中也可以见到这种岩石，大洋板片随着板块漂移被推到大陆上来，因此蛇绿岩是古代板块运动最好的证据之一。蛇绿岩是具有垂直分带的洋壳，受到板块碰撞而剥离并贴附到大陆上，沿着颜色较浅的花岗岩、片麻岩、普通火成岩和变质岩生成线性绿色火山岩构造。玄武岩侵入到洋底形成枕状熔岩、管状玄武岩，这些岩石也可出现在

图2

大峡谷揭露出前寒武纪维什努片岩，上面是年轻的大峡谷群和顿多组地层，位于亚利桑那州可可尼诺郡（照片来自美国地质调查局E. D. 麦基）

绿岩带中，说明在洋底发生了火山喷发活动。许多蛇绿岩中包括含矿岩石，是世界上一个主要的矿产来源。

绿岩带在世界所有地区都能发现，它们构成了陆地的古老陆核。这些蛇绿岩带往往延伸达数百平方英里，外面包围着大范围的片麻岩，这种片麻岩是由花岗岩和主要的太古代岩石经过变质形成。最著名的绿岩带可能就是在瑞士巴伯顿山的一套绿岩带，具有30多亿年的历史，厚达近12英里（约19千米）。

绿岩带引起了地质学家独特的兴趣，不仅仅是因为它可以作为太古代板块构造的证据，还因为绿岩带中含有许多世界级的金矿。许多南非金矿都产在绿岩带中，印度的科勒绿岩带含有世界上最富的金矿。这一地区位于印度南部，由30亿年的克拉通组成，是一个最初形成的陆壳块体。因为绿岩带实质上属于太古代，在25亿年之后的地质记录中就不再出现，这标志着太古代的结束。

在历史超过25亿年的矿床中出现的大量燧石说明大部分地壳在这一时期向下深插，燧石较重，是一种细小硅质颗粒形成的沉积岩。许多前寒武纪燧石被认为是深海含硅海水由于化学沉淀作用形成的。具有35亿年的古老燧石岩还含有细小纤维状物质，人们认为这是来源于细菌的活动，因此属于最古老的生命形态。

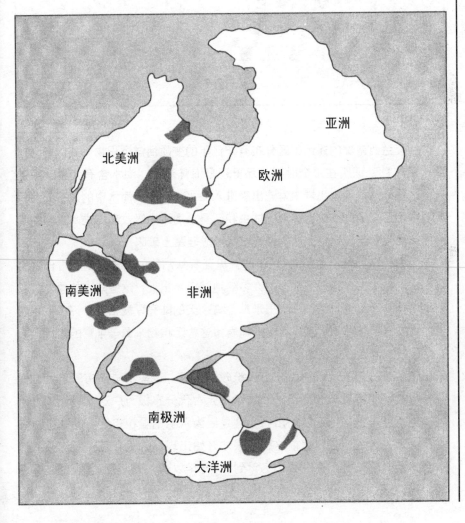

图3
太古代绿岩带

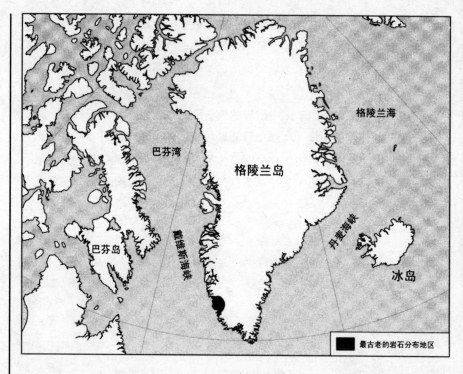

图4
格陵兰西南伊苏阿建造的位置，分布着地球上最古老的岩石

格陵兰海

巴芬湾

格陵兰岛

格陵兰海

巴芬岛

戴维斯海峡

丹麦海峡

冰岛

■ 最古老的岩石分布地区

　　格陵兰西南部的遥远山区分布有38亿年的变质海洋沉积物——伊苏阿建造（图4），证明在那个时期，那里还是海洋环境。海水含有大量溶解的硅，这些硅从洋底火山岩中淋滤出来进入海水中。现代海水中的硅石的溶解度低得多了，因为生物比如海绵体虫和硅藻从海水中吸收硅石进入生物的骨骼中。当生物组织死亡，这些骨骼堆积形成硅藻土矿床。

　　元古代从25亿年前到5.7亿年前，见证着从动荡的太古代到元古代的主要变化。在太古代初期，现在的许多陆地就已经出现，这些陆壳的厚度生长到平均15～25英里（约24～40千米），与今天的陆壳厚度相近。许多沉积岩中的物质已经暴露到地表或者接近地表，这些沉积物来源于丰富的太古代岩石，这些古老岩石被剥蚀，然后再沉积下来。

　　许多元古代的沉积物由砂岩和粉砂岩组成，这些物质都来源于太古代绿岩。胶结了等量砂和砾石的沙粒岩在元古代分布极为广泛。另外元古代还以广泛分布的陆地红层而出名，这是因为沉积的颗粒被红色的铁化物胶结在一起。大约10亿年之前这种红层才开始出现，说明在那时大气和海洋中含有大量的氧气。在大约10亿年到5.5亿年以前，大气中氧的含量从2%增加到20%。

基岩的风化作用促使钙碳酸岩、镁碳酸岩、钙硫酸岩和氯化钠的溶解，这些物质在石灰岩、白云岩、石膏和岩盐中沉淀下来。加拿大西北的麦肯齐山脉中含有6,500英尺（约1,950米）厚的白云石矿，主要是由于化学沉淀形成的，而不是由于生物活动，因为当时还没有进化出壳类生物。碳酸盐岩，如石灰岩和白垩土，这些岩石的形成基本上是一个由壳类和骨骼类生物参与的有机过程，这类岩石在700百万年前的晚元古代相当普遍，由于早期能分泌石灰物质的生物很少，导致这种岩类在早期相当少见。

克拉通

地盾被大陆地台包围，地台是宽浅的基岩凹陷，上面覆盖着近水平的沉积岩。这种地盾和地台一起构成克拉通（图5）。克拉通是已发现最早的陆块，通常分布在所有大陆的内部。克拉通由古老火成岩和变质岩组成，这些岩石在组分上与现在的同类岩石相近，表明岩石的循环从元古代就开始了。

长条状的克拉通相互之间发生碰撞和反弹，随着地球年龄的增长变得冷却下来，克拉通的不规律的运动开始变缓，并开始拼合到一起形成12个原始大陆，它们的年龄大于25亿年，面积大小不一，小的原始大陆比德克萨斯州

图5
世界上广泛分布的稳定克拉通，这些克拉通构成了大陆

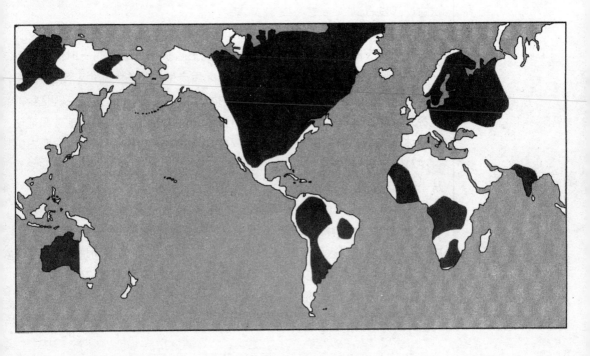

图6
组成北美大陆的克拉通在20亿年前拼合到一起

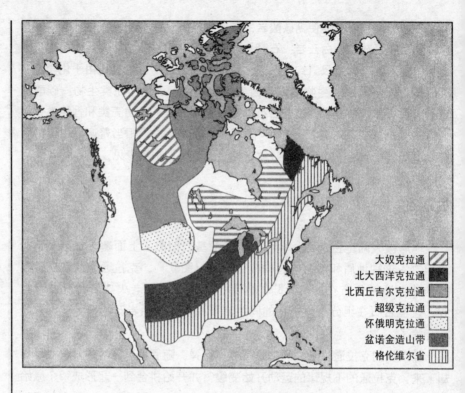

图例：
大奴克拉通
北大西洋克拉通
北西丘吉尔克拉通
超级克拉通
怀俄明克拉通
盆诺金造山带
格伦维尔省

还小，大的是美国面积的一半。整体上，这12块原始大陆只构成今天陆地面积的1/10左右。

　　大陆更加稳定并且结合到一起形成超级大陆，由太古代克拉通、花岗质地壳形成大陆的核部。许多世界范围的太古代克拉通在同一时间拼合到一起，最原始的大陆在地球形成15亿年之后产生。北美大陆由7个克拉通组成，主要包括加拿大中央地区和美国的北－中部（图6），大约在20亿年前拼合到一起，是最古老的大陆。非洲和南美大陆直到700百万年前才组成一个整体。在过去的5亿年中，大约12个大陆板块拼合到一起形成欧亚古陆（图7），这是最年轻也是最大的现代陆地，活动的构造板块载着这些块体从南面漂移过来，拼合到一起。

　　在哈得逊湾的开普史密斯地区，20亿年的洋壳被挤到陆地上，古老洋盆闭合消失了，这说明在这一地区发生过大陆之间的碰撞。火山弧也从加拿大中东部一直延伸到达科他州。在加拿大大熊湖和波弗特海之间是老山系的基底，而且这列山系一直贯穿这个基底岩石，其形成是由于在12到9亿年前北美和另一个陆块之间的相互碰撞。

　　持续的大陆碰撞大大增加了原始北美大陆的面积，美国地壳较好的部分从亚利桑那延伸到格力特湖，这部分地壳在19亿年前到17亿年前之间的陆壳爆发式增生期形成，与北美地区地壳不是同期形成的。汇聚在一起的北美陆地十分稳定，抵抗住了十亿年间的挤压作用和断裂活动，并且由于小陆块和岛弧贴合到大陆边缘，北美大陆一直保持继续增长。一个典型的例子是五大湖北部的苏必利尔省，由岛弧和沉积物互相层叠组成，但在边缘发生裂解。

　　地壳迅速的增长说明在地质历史的这一时期构造活动和地壳增生最为强烈。北美东岸火山岩的出现说明一条大断裂穿过大陆。在早元古代时期北美大陆还是超级大陆的一部分，到元古代末期，大约6亿年之前，另一个称为"Rodinia"超级大陆裂解成4到5部分，Rodinia源于俄语，意思是"祖国"，北美就在"Rodinia"超级大陆的核部，但是这些裂解的陆块和今天的形状不同。大约11亿年之前，一条巨大的火山岩充填的裂谷将大陆割开，这条裂谷的位置是从今天的堪萨斯到苏必利尔湖，这可能是大陆裂解的前兆。

　　世界上山脉的核部含有许多古老的岩石，它们曾经被深埋在地下，后来

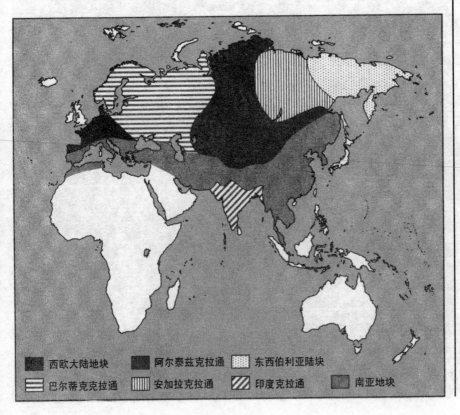

图7
欧亚古陆的主要克拉通

■ 西欧大陆地块	■ 阿尔泰兹克拉通	▦ 东西伯利亚陆块
▤ 巴尔蒂克克拉通	▥ 安加拉克拉通	▧ 印度克拉通	▩ 南亚地块

经过抬升暴露到地表（图8）。

当山体向上推时，巨大的花岗岩块体受到深部的构造作用力向上穿透，当大陆发生碰撞的时候，地壳发生褶皱，在碰撞带就会形成隆升的山脉。今天仍然可以见到陆块之间的缝合带暴露出古老山系的核部，这些核部有着20多亿年的历史。

当大陆汇聚的时候一些岩石碎片被夹在接触带上，这些碎片包括陆地和洋底的沉积物、条带状火山岩和一些被断层破碎的陆块。此外称为洋壳碎片的蛇绿岩被推挤到陆地上，沿着蓝片岩分布（图9），蓝片岩是俯冲洋壳被推压到陆地上发生变质形成的。

图8
山脉代表地球内部向上隆升的部分（照片得到国家公园服务机构乔治A.格兰特授权）

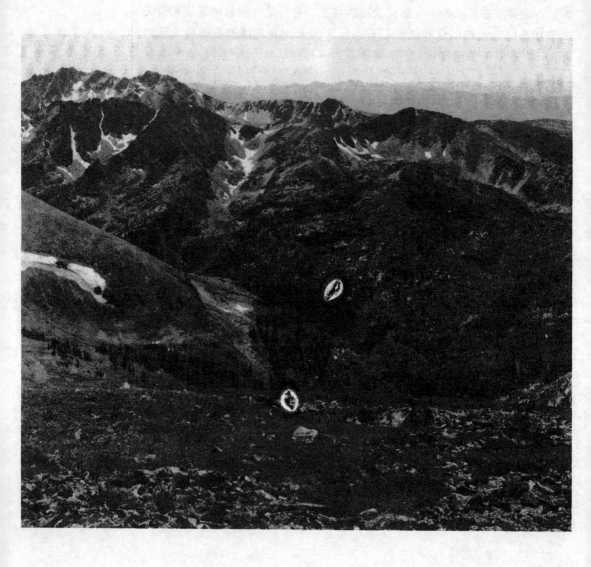

图9
位于阿拉斯加苏厄德半岛一个退化蓝片岩的露头（照片得到美国地质调查局C.L.塞恩斯伯里授权）

克拉通含有世界上最古老的岩石，其时代可达40亿年，主要由变质的花岗岩和发生变质的海底沉积物和熔岩组成，这些岩石源于侵入到原始洋壳中的岩浆岩。岩浆缓慢冷却并分异出密度较轻的组分上升到地表，重的组分仍留在岩浆房的底部，一些岩浆渗透穿过地壳，在洋底形成火山熔岩。岩浆持续的侵入和侵出导致地壳的增生，直到最后冲破全球海洋的表面。

克拉通活动性很强，可以在地幔上部分、半熔融的液态软流圈之上自由运动，这些独立的微陆块周期性地相互碰撞。克拉通边缘由于受到碰撞挤压形成相互平行的小山系，可能只有几百英尺的高度。克拉通上的火山活动也很强烈，熔岩流和火山灰使陆块向上和向外增生。新的陆壳物质被熔融，然后通过上地幔岩浆的循环重新进入克拉通内部形成侵入岩，这一过程会降低地幔的温度，使克拉通的活动变慢。克拉通增长得非常缓慢，因此各个克拉通之间会向相互贴和的趋势发展，所有的克拉通最终拼合形成一个数千英里的单个大陆地。

地体

克拉通是由称为地体（tarrane）的地壳碎片组成的混合体（图10），这些地体结合到一起形成一个大杂烩。地体的概念不同于地块（terrain），地

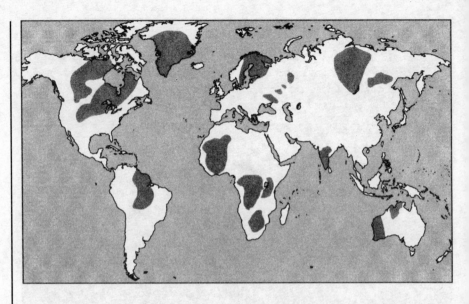

图10
全球范围内20亿年古地体的分布

块是一个地台，地体往往被断层包围，并且与周围的物质完全不同，两个或多个地体之间的界限称为缝合带。地体的组成通常代表了洋岛和高原的组成。其他地体由砾石、砂和粉沙胶结在一起组成，这些物质在汇聚地壳块体中间的洋盆内沉积下来。

地体具有不同的形状和大小，从小长条到次大陆大小，如印度地体就是一个单独的大地体。许多地体在碰撞和拼合的过程中发生变形，被拉长。在中国，由于印度板块在亚洲南部对中国地体持续挤压，造成喜马拉雅山的隆起，受此影响，中国这些汇聚到一起的地体沿着东西方向被拉伸。麻粒岩地体是高温变质带，形成于大陆裂谷的深部，构成了大陆碰撞造山带的根部，如阿尔卑斯山和喜马拉雅山。喜马拉雅北部是一条蛇绿岩带，标志着这是大陆缝合的界线。地体的边界通常靠蛇绿岩来确定，蛇绿岩的组成包括深海沉积岩、枕状熔岩、席撞岩墙群、辉长岩和橄榄岩。

地体的年龄范围从小于200百万年到大于10亿年，通过地体中的放射虫化石和海相原生生物化石来确定具体年龄（图11），其中海相原生生物具有硅质骨骼，在距今5亿到1.6亿年间大量出现。不同的种属的化石还能用来确定地体发源于海洋的哪个地区。

悬疑地体是一种被断层包围的地块，与周围的地体或附近的陆块具有不同的地质历史。之所以称为悬疑地体是因为它是个"外来客"，它经过了很长距离的旅行才增生到大陆的边缘。一些北美悬疑地体就来源于西太平洋，移动了几千英里到达了东岸。

许多北美西部的地体顺时针旋转了70度或更多，最老的地体旋转的最多。在碰撞并增生到大陆之前，大洋板块上的地体不会发生变形，由于地壳的活动才发生了形变。

直到2.5亿年前北美的西部边缘仍位于今天的盐湖城，到了两亿年前，经历了几次大陆增生之后，北美大陆扩张了1/4还多。北美西部的大部分地区是当北美板块向西运动时由海洋岛弧和太平洋上散布的地壳碎块拼合到一起形成的，加州西部就是在大约两亿年前由混杂的陆壳拼合到一起形成的，在怀俄明州中部就有一块至少27亿年的近乎完整的洋壳碎片在板块漂移的时候被推挤到陆地上来的。

阿拉斯加州整体是个拼合地体，由太平洋的前身——联合大洋上的古洋壳碎片组成，阿拉斯加北部组成布鲁克斯山脊的地体就是压覆到另一个地体上的岩席（图12），整个地体是在过去的160百万年间由差不多50个漂移的地体相互碰撞拼合到一起的，一部分地体还来自南部。圣安德烈斯大断裂西部的加利福尼亚一直向北漂移了1亿年，在经过5000万年之后就会向北离阿拉斯加越来越远，成为一块新的"拼板"。

狭长的阿拉斯加的大部分区域被称为亚历山大地体，在5亿年之前属于澳大利亚东部的一部分，在3.75亿年之前与澳大利亚分离，穿过整个太平洋，在秘鲁海岸戛然而止，然后切穿了古加利福尼亚，撞击到"母亲"矿脉

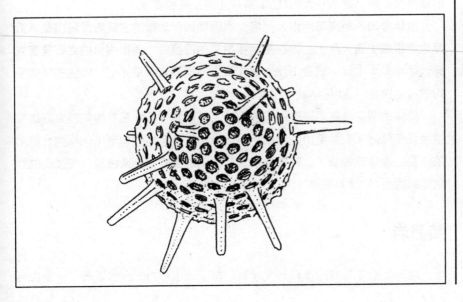

图11
放射虫是海相浮游原生生物

图12
北阿拉斯加的阿纳克图沃克帕斯地区，靠近伊特吉利克河的源头，布鲁克斯山脊陡倾的古生代岩石(照片得到国家公园服务机构乔治J.C.里德授权)

的部分金矿带，然后在大约1亿年前与北美大陆相撞。

地体移动的距离差别很大，增生到俄勒冈州边缘的玄武岩质海山是从近岸边地带增生到大陆上，而在加利福尼亚的旧金山，周围相似的岩石建造就穿过了半个太平洋，旧金山就坐落在三个不同的岩石单元上。以这些地体平均的移动速度，仅5亿年就可绕地球一周。

地体的增生会在汇聚带形成造山链，例如大洋板块沿着南美洲大陆边缘增生促使隆起了安第斯山脉。由于沿着造山带北美地体切割出一系列北西向的断裂，地体被拉长了，其中一条就是加州的圣安德列斯断裂，在过去的25亿年间发生了近200英里（约320千米）的位移。

结晶岩

地球上最先形成的岩石是火成岩，拉丁语中称为“火的岩石”，是由熔融的岩浆形成的。大部分火成岩源于地幔，一些源于洋壳的俯冲带，其他一些来源于大陆地壳的熔融。前两种火成岩持续不断地建造新的地壳，后一种类型不会增加地壳的总体积。

火成岩多数是硅质的，由硅氧化合物和金属离子组成，但不是简单的化学混合物，而是由固定的原子比例组成。通常一个固溶体中有两种或多种化合物存在，从这一角度讲，它的成分可以以很宽的比例混合。

岩浆有两种途径侵出到地表，沿着裂隙喷发，这是最常见的途径，或者通过火山喷发（图13），根据源区不同会生成多种火山岩类型，不同的火山岩类型决定了不同类型的喷发。火山喷发具有很广泛的化学、矿物和物理特征，几乎所有的火山产物都是硅酸岩并含有少量的其他元素。玄武岩相对含少量的硅，但钙、镁和铁的含量很高。含有大量硅、钠和钾，但含有较少镁

图13
俄勒冈州胡德河县卡斯卡德山脊的胡德火山（照片得到美国地质调查局的M.V.萨尔特斯授权）

15

的岩浆形成英安岩，含有很多的石英颗粒，还形成富含长石颗粒的安山岩。

火成岩根据其中的矿物和结构进行分类，（表1）反过来这些矿物和结构又受到分异程度和岩浆温度降低速率控制。最常见的结晶岩是花岗岩和变质岩，它们构成地壳内部的主要部分。花岗岩的结构受冷却速率的控制，极缓慢的冷却速率可以生成最大的晶体，而冷却速率越快，结晶矿物越小。许多火成岩是两种或多种矿物的集合体，例如花岗岩的组分主要包括石英和长石，还有少量的其他矿物。花岗质岩石形成在地壳深部，晶体生长受控于岩浆的冷却速率和结晶空间。

大晶体可能形成于岩浆结晶的晚期，如岩基，是新增长的地壳。最著名的岩基有内华达山脉岩基（图14），加利福尼亚岩基和安第斯岩基。岩浆中含有挥发成分的时候也能生长出大个的晶体，如水、二氧化碳，可以让晶体在小的空间里生长。当岩浆体慢慢冷却，这一过程很可能持续百万年或更长，晶体直接从侵入到围岩中的液态岩浆或含有挥发成分的岩浆流体中生长。

火成岩和沉积岩受到地球内部的强烈的温度和压力，如岩浆体附近的热量，地球运动的剪压力，或未能导致变质岩熔融的强烈的化学反应。变质作用导致结构、矿物组成或二者的显著变化，能产生重结晶结构，使得晶体长得更大。矿物结合了化学元素形成新的矿物，岩浆中的水和气也有助于引起岩石中的化学变化，将化学元素从一个地方搬运到另一个地方。

表1　普通火成岩

	长英质	中性岩	镁铁质	超镁铁质
侵入岩	花岗岩	闪长岩	辉长岩	橄榄岩
侵出岩	英安岩	安山岩	玄武岩	无
矿物组成	石英 钾长石	角闪石 钠长石 钙长石	钙长石 辉石	橄榄石 辉石
微量矿物	钠长石 白云母 黑云母 角闪石	黑云母 辉石	橄榄石 角闪石	钙长石

图14
加利福尼亚内华达山
脉花岗岩基中的岩席
裂隙（照片得到美国
地质调查局N.K.胡伯
授权）

　　热量是导致重结晶的一个主要因素，通常埋藏得足够深才能产生强烈变质作用需要的温度和压力。在地热梯度较高但是埋藏较浅的地区会产生不同的变质程度，在地热梯度高的地区随着深度的增长，温度比正常要增长得快。在变质作用过程中，岩石具有塑性特征，由于受到上覆岩层影响产生高压和高温，岩石可以弯曲和延展，因此变质岩成为地壳中最大的组分。

陆壳

在所有类地行星当中，地球具有最薄的地壳（图15），月球的地壳也要比地球的厚一些。这层地壳占地球半径的不到1%，占地球质量的0.3%。包括大陆边缘和浅海区域，陆壳覆盖了地球上约45%的面积（表2和表3），平均厚度为28英里（约45千米），平均高于海平面2.8英里（约4.5千米）。地壳就像是一层糕饼一样，沉积岩在最上层，花岗岩和变质岩在中间，玄武岩在底部，使得地壳的结构与果冻三明治的结构类似，柔软的中间层夹在坚硬的上地壳和下部岩石圈之间。

直到大约40亿年前，地球才出现永久的地壳，在42亿年到38亿年之间地球曾受到大量的陨石撞击，因此最古老地壳的年龄也不如行星本身的年龄老。在最初的5亿年，地球非常炽热，所有固结的岩石都在瞬间融化掉了，

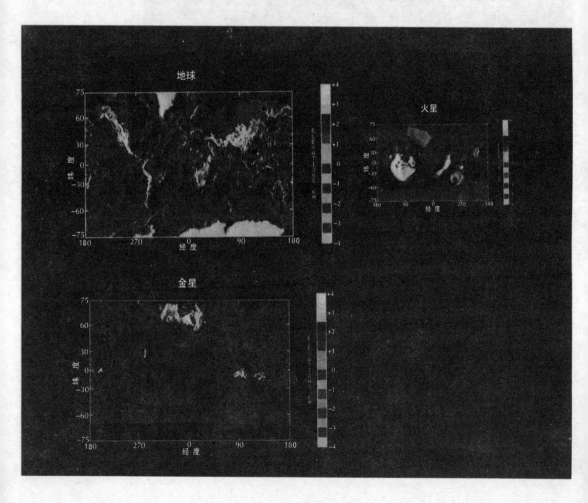

表 2　地壳的分类　(1英里≈1.6千米)

环境	地壳类型	构造特征	厚度(英里)	地质特征
	地盾	非常稳定	22	很少或没有沉积物 裸露的前寒武系岩石
稳定地幔之上的陆壳	大陆中部	稳定	24	
	盆地和山岭	非常不稳定	20	正在发生正断层、火山和岩浆侵入活动；平均海拔较高
不稳定地幔之上的陆壳	高山	非常不稳定	34	正在迅速地隆升，相对较新的岩浆侵入活动；平均海拔较高
	岛弧	非常不稳定	20	多火山活动，强烈的褶皱和断层
稳定地幔之上的洋壳	洋盆	非常稳定	7	极薄的沉积物盖在玄武岩上，没有厚层的古生代沉积
不稳定地幔之上的洋壳	洋中脊	不稳定	6	玄武岩浆活动，很少或没有沉积物

陨石的撞击造成的摩擦也导致地壳岩石的熔融。数以千计直径达50英里（约80千米）的陨石撞击到地球上，使地球表面30%～50%的面积成为冲击盆地，当降雨出现的时候，这些盆地就充满了水。

　　加拿大遥远的湖泊和苔原带周围是变质花岗岩，称为阿加斯塔片麻岩，年龄在42亿年左右，是地球上最古老的陆地岩石。这套岩石产在一个大原始陆地——大奴克拉通内部，表明早在40亿年之前就出现了小规模的构造板块运动。当岩石主要由花岗岩组成时，表明地球此时在形成新的地壳，只有5%～8%的现在陆壳是在40亿～30亿年前期间形成的。然而27亿年之前，许多大量现有陆地地壳形成，这指示了一个地壳的高增长期。

　　西南格陵兰的岩石年龄在38亿年左右，由变质沉积岩组成，这种沉积岩一开始形成于海相环境，表明那时地球已经存在海洋。南极洲和非洲发现了较古老的岩石，但大部分岩石很少有超过37亿年的，表明这一时期没有主要

表3 地壳的组分 (1英里≈1.6千米)

地壳类型	壳层	平均厚度（英里）	氧化物的百分比组成						
			硅	铝	铁	锰	钙	钠	钾
陆壳	沉积物	2.1	50	13	6	3	12	2	2
	花岗岩	12.5	64	15	5	2	4	3	3
	玄武岩	12.5	58	16	8	4	6	3	3
总和		27.1							
下陆壳	沉积物	1.8	同上						
	花岗岩	5.6							
	玄武岩	7.3							
总和		14.7							
洋壳	沉积物	0.3	41	11	6	3	17	1	2
	火山沉积物	0.7	46	14	7	5	14	2	1
	玄武岩	3.5	50	17	8	7	12	3	<1
总和		4.5							
平均		15.4	52	14	7	4	11	2	

的陆壳形成，只有星球表面的薄薄的板片在地幔对流的推动下漂移。

当失去内部热量后，地幔对流的速度会降低，轻的物质向上运移到达地表形成玄武岩。从本质上说，地壳是地幔的废料产品，当地壳俯冲进入地幔中后发生重融，形成最初的花岗岩，地壳物质由氧、硅和铝组成，在陆地的核部形成花岗岩和变质岩。

沉积物深入到地幔中遭受强烈的高温，岩石改变了晶体结构或者全部熔融变成岩浆。漂浮的岩浆以岩浆团形式上升到地表形成底辟，希腊语中解释为"刺穿"。如果岩浆突破地表就会形成火山喷发。另外花岗岩仍然埋藏在地壳中，形成大的花岗岩体，称为深成岩体。初始的陆地没有长条陆壳，也不发生相互碰撞，当地球持续冷却的时候，地壳开始无规律地乱动，开始贴和到一起，形成了多于12个的原始古陆。

最后所有的原始陆地拼接到一起形成较大的陆地，许多陆壳在岩石圈板块碰撞的时候形成，碰撞也导致大面积的地壳发生变形。大约在29亿～26亿年前、19亿～17亿年前和11亿～9亿年前，这三个时期在世界范围曾发生过造陆事件。

洋壳

洋壳比陆壳薄得多，在许多地区只有3～5英里（约5～8千米）厚。洋壳的特点是厚度和温度很均一，全球范围内平均厚度为4英里（约6.4千米），平均温度不超过20摄氏度。对比之下，陆壳的厚度平均为25～30英里（约40～48千米），在山脉地区厚达45英里（约72千米）。陆壳的密度是水的2.7倍，而洋壳的密度是水的3倍，因为地幔的密度是3.4，所以洋壳和陆壳都覆在地幔上面。

像冰山一样，大部分地壳都位于地表以下。一些位于山系下部古老陆地的根部，可以延伸到地幔中250英里（约400千米）的深度。地壳陆壳的年龄是洋壳的将近20倍，洋壳会不老于1.7亿年，因为洋壳经过循环会重新进入地幔内部。许多洋壳进入到地球内部就消失了，提供了地壳生长的原始物质。

洋壳不是单一的均匀块体，由许多裂隙带的长窄条陆块一条一条地组合在一起，洋壳就像是具有独立三层的蛋糕。上层是枕状玄武岩，由深海侵出的熔岩形成；中间层是席状杂岩，由火山侵出地表的岩浆混杂通道组成；下层是辉长岩，是一种粗粒岩石，在深部岩浆房的高压之下缓慢结晶形成。含较高硅质的辉长岩从玄武岩浆中固结并堆积在洋壳的底层。

玄武岩通过断裂从地幔中上升到洋底，在扩张的洋中脊形成了新的洋壳，每年产生5立方英里（约21立方千米）的新洋壳。扩张中心下部的地幔是形成洋壳的源区，主要由橄榄岩组成，这是一种坚硬的高密度镁铁质硅酸岩，当30～40英里（约48～64千米）深处的橄榄岩熔体上升到地壳底部时，部分熔体变成高流动性的玄武岩浆，成为地球表面最常见的喷发岩浆。

许多火山活动发生在洋底的扩张中心（图16）洋壳也被这个扩张中心向两侧推开，一些熔融岩浆通过垂直的通道体系在洋中脊喷发出来，一旦到达地表，流体状态的岩石从洋中脊上流下来并凝固形成席状或滚动成枕状熔岩，这取决于喷发的速率和洋中脊的坡度。岩浆从上地幔喷发到洋底并附着在扩张板块的边缘。

许多岩浆在岩浆房的上部通道中固结形成块状直立的岩席，称为岩墙，就像一叠连续直立的纸牌，每个单独的岩墙厚度大约为10英尺（约3米），1英里（约1.6千米）宽，水平延展约3英里（约5千米）。熔岩周期性地通过大规模的喷发流到洋底，每年形成数平方英里的洋壳，当洋壳冷却并固结后发生收

图16
扩张中心将洋底块体
分开

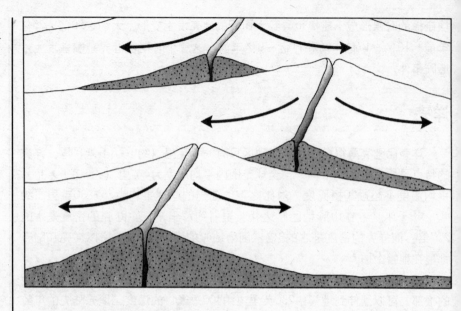

缩，形成许多裂隙，海水会从中流过。

洋壳开始的时候较薄，随着上地幔岩石圈的底侵作用并且上覆沉积物的堆积，洋壳最终变厚。随着洋壳的年龄变老，6000万年的洋壳厚度可达60英里（约96千米）。当洋壳扩张到大西洋的宽度时，靠近陆地边缘的洋壳厚度可达50英里（约80千米），最后洋壳变得很厚而且很重，很难留在表面，最终俯冲进入地幔中，形成熔体，重新成为建造新洋壳的物质。

当陆壳板块与洋壳板块碰撞时，洋壳向下弯曲俯冲进入地幔，洋壳在地球内部重熔，从地幔中获得新的物质，然后重新出现在火山扩张中心，大部分岩浆活动发生在海洋中。当扩张活动将老岩块上面的陆地分开的时候，洋壳就焕然一新了。

地球的外壳被分成8个大板块和6块小板块，这些板块组成了地壳上部的脆性层和上地幔的脆性层，被统称为岩石圈，岩石圈的厚度可达大约60英里（约96千米）。岩石圈组成了地幔的刚性外壳，陆壳和洋壳就在半熔融状态的上地幔或称为软流圈上。这种结构对于板块构造的解释非常重要，否则地壳就变成像北冰洋的浮冰那样杂乱无章的碎块了。

岩石圈板块就像小船一样漂浮在熔融岩石的海面上，驼着地壳绕着地球漂流。板块在扩张脊发生离散，在俯冲带发生汇聚，俯冲带在洋底会留下一条海沟，在这里洋壳板块俯冲进入地幔并且重熔。板块和洋壳都持续不断地循环进入地幔，但是陆壳由于受到浮力的作用主要留在表面。

了解了地球岩石的外部圈层和相互之间的作用之后，下一章我们将主要介绍发生在陆地和海洋中的剥蚀及其沉积过程。

2

剥蚀与沉积

地形的形成过程

本章主要讨论风化、侵蚀和沉积这些塑造地形的过程。侵蚀作用削平耸立的山峰，并且雕刻出深不见底的峡谷，这种地质过程从地球形成起一直延续至今。不管形成山脉的抬升的力多么普遍，在与侵蚀的抗衡中它们终将失利，被磨损至一般平原的高度。侵蚀作用凿刻出深邃的峡谷，抹去大多数地质构造，包括远古文明创造的构造。

地球表面大部分都覆盖着一层薄薄的沉积物，沉积岩是地表最常见的一种岩石。它们不仅形成了从崎岖的山区到参差不齐的峡谷这些令人印象深刻的地方，也赠与地球上以宝藏，包括珍贵的矿床和石油。沉积环境提供了形成化石必要的条件，这成为解读地球历史的线索。沉积物在陆地上不停地转化，在海洋里不断累积，这保证了地球面貌随着时间不断改变。

剥蚀作用

侵蚀速率随着降水量、地形、岩石类型、土壤物质以及植被数量不同而不同。每年密西西比河输送25，000万吨沉积物到墨西哥湾，使得密西西比三角洲加宽并逐渐形成路易斯安那和附近海岸地区。海湾海岸从东德克萨斯州延续至佛罗里达潘翰德地区，它是大陆内部侵蚀形成的沉积物，由密西西比河与其他河流搬运至此形成。科罗拉多河使加利福尼亚南部的帝王谷土壤肥沃，并将大峡谷侵蚀1英里（约1.6千米）深，形成的沉积物沉积在这个地方达3英里（约5千米）厚。

地壳浮力使侵蚀过程保持微妙的平衡，使陆地浮在上面，因此，侵蚀只能在平均高度下降至海平面之前削平大陆地壳顶部，在这一点开始侵蚀作用停止并开始沉积作用。在过去侵蚀速率可能高于今天，陆地地貌比现在平，形成现今高山和深谷的地貌需要相当长的时间。

山脉的隆起与侵蚀同时进行，因此净增长量为0，如喜马拉雅山系（图17）。水和风逐渐抹平山脉曾经壮丽的容颜，山脉的中心含有古老岩石，这些岩石原本深埋在地球深部，由于逆冲推覆作用被抬升上来。大面积的花岗岩块体被地球深部的作用力推到地表并在那里受到剥蚀作用。

山脉的成形同时受到侵蚀破坏和板块运动的造山作用。构造、气候、侵蚀相互作用控制了山脉的高度和形状，需要经过长时间的侵蚀和建造过程。侵蚀作用实际上是山脉建造的一个中介，把由地壳均衡补充的物质搬运走，然后通过山体的整体抬升来弥补总质量的损失。如果剥蚀的速率与上升的速率相当，则山体的形状在几百万年的时间内保持稳定。随着山系的年龄变老，下面支撑的地壳越来越薄，侵蚀作用就起到主导作用，将把最高的山脉削平。

土壤侵蚀造成大规模的陆地退化。降雨的冲击和冲刷侵蚀了地表物质。雨点高速冲击地面造成地表物质的松动，并飞溅到空中，在山坡上物质降落到山坡下面，这种冲击消耗掉大约90%的能量。大部分的冲溅发生在1英尺（约0.3米）的高度，侧向冲溅距离可达约4倍的高度。

冲击侵蚀主要发生在无植被覆盖或很少植被的地区，那里往往遭受突发暴雨，如沙漠地区。冲击侵蚀可以解释为什么山顶的土壤莫名其妙地消失了，几乎没有水流迹象，只留下贫瘠的泥沙。剥蚀的程度取决于山坡陡峭的程度和植被的覆盖情况，雨水没有渗透进入地下，而是流下山坡，侵蚀土壤，切割出一条条的深沟（图18）。

图17
从航天飞机上拍摄的印度和中国边界的喜玛拉雅山脉图像（照片来自美国宇宙航天局）

水系

在美国，河流纵横交错，长度达350万英里（约560万千米），许多地区因此很容易发生洪水泛滥。山洪是最常见的一种洪水类型，往往在局部地区暴发，持续时间短，但洪水量大，通常在大雨或暴雨时在相对较小的河流内暴发。大坝决口或冰塞可以导致水流在短时间内大量排泄，也能引起山洪暴发。

1980年在圣海伦斯山脉发生了一次特殊的山洪，是由于火山坡上的冰川和积雪融化造成巨大的泥石流和洪水灾害（图19），山洪灾害可影响到距离河谷相当远的距离，卡斯卡德山岭地区西部火山区的洪水泛滥地区可以延伸到太平洋。

山洪在美国的许多地区都有发生，狂风暴雨就可在河流宽广分散的地方诱发山洪灾害，形成洪水波浪。水流很快到达最大洪峰，但也很快就会退去。洪水在流过河道时通常裹挟大量沉积物和碎屑。山洪在山区和美国西部的沙漠地区非常常见，在地形陡峭的地区，水流速度很快，河道很窄，一旦遇上暴雨频发，山洪就会具有极大的危险性。

河流泛滥通常由大面积的强降雨或冬天积雪的融化引起，或者二者兼而有之。河流泛滥在强度和持续时间上不同于山洪暴发，它发生在广大的支流区域，还包括许多单个的河流盆地。大范围的河流系统发生洪水可能持续时间从几小时到许多天，泛滥的强度受降水强度和分布范围的影响。影响泛滥的其他因素包括地形条件、土壤湿度和植被覆盖情况。

河流的大小决定河道的蓄水能力，改变河道的容量和洪峰持续的时间，并控制洪水的流动。当洪水冲向河流体系时，河道内暂时的蓄水可以减弱洪水的高峰。当支流的洪水汇入主干河流时，河流在下游地区变成大河。因为支流的大小不一，分布也不均匀，支流的洪峰到达主干河流的时间也不一样，因此当洪峰向下游流动的过程中洪峰的强度得到缓和。

图19
1980年5月18日圣海伦斯山沿着华盛顿州克里兹县的克里兹河暴发洪水和冲积作用（美国地质调查局提供照片）

图20
阿拉斯加北部的尤图科克－科温地区，库考鲁克河东部的丘陵地带、北部和北极地区沿海平原（美国地质调查局R.M. 查普曼提供照片）

　　许多陆地上的降水通过洪水流失掉了，或者储存在河流、沼泽和土壤中。大约1/3是基本水流，即稳定的河流和溪流。另1/3是地下暗流，通过蒸发释放出来，只有大约1％的降水流入海洋中。地表水流动得非常缓慢，在大陆的范围内流动可达几百万年的时间。

　　河流流域是包括河流和支流的一个整体区域。例如密西西比河及其支流流域覆盖了美国中部大部分地区，一直从落基山延伸到阿巴拉契亚山脉，每一条支流都形成自己的流域，构成大流域的一部分。各个支流相互交织成网，在不同的地貌地区形成不同类型的流域（图20）。

　　如果地貌较为单一，流域类型可能像树枝状，还可能像格子一样，由于岩床抵抗侵蚀的能力不一样就会形成方形的流域。如果岩床被断裂剪切，这些地方就容易遭受侵蚀，也有可能形成方形流域。河流呈放射状从火山或穹顶上流下来就会形成放射状流域。

　　河流流域类型受到地形地貌和岩石类型的影响，这会提供地质构造类型的信息，此外后构造样式和结构也含有岩石的特征信息。地表特征含有地下构造的信息，如背斜、向斜、褶皱和穹隆（图21）。

　　不同岩石的流域类型往往预示地表不同的岩石特征。流域的密度能很好

图21
科罗拉多贝尔维尤地区的一个岩床穹隆（照片由美国地质调查局W.T·李授权刊登）

地指示岩性差异，不同的流域密度跟沉积物的颗粒粗细有关。

在岩床暴露的地区，这些流域类型取决于下覆岩石的类型、岩体的产状、水流流经的软弱地区的分布。任何流域类型的突变都很重要，它指示出两种岩性的界线，这是找矿勘探的一个有利部位。

剥蚀地貌

行星被侵蚀所切割形成的地貌给人留下了很深的印象。古老的地质构造可能因侵蚀作用而消失，自然的水循环，源于海洋，穿过陆地又终归于海洋，这是最活跃的侵蚀作用力。块状的冰川切割最坚固的陆地，而冰川融水也会进一步侵蚀陆地。缺少降雨和降雪的地区，比如沙漠和苔原带几乎没有遭受侵蚀作用，所以仍然保留着地质构造。

岩性不整合在许多地区都很常见，是一种最常见的地质特征，它反映了整个地质事件谱系的特征。不整合包括地质事件和记录的间断，缺少岩性记录，通常下覆较老的岩石发生褶皱和倾斜，上面覆盖着平坦的年轻岩石，形成一种不协和的接触关系或角度接触关系。

当新生成的岩层盖在已经遭受水和风蚀的地区上面之后就形成一个不整合面，不整合面的出现标志着陆地已经抬升到海平面之上。澳大利亚北西部皮尔巴拉克拉通地质史的一条最老的不整合面已经有35亿年的历史，是陆地干涸最老的证据。澳大利亚的岩石明显含有古土壤和化石土壤，表明当时存在风化作用的活动。令人吃惊的是在不整合面之上那组被称为瓦拉乌的岩石中发现了细胞化石，这是存在古老生命的证据。

在美国西部发现的块状砂岩峭壁在几百万年以来一直遭受缓慢的侵蚀作用（图22）。

地球上可能没有什么地方比亚利桑那北部的大峡谷更能说明这种侵蚀过程，这个峡谷的侧壁上包含一条壮观的不整合面。科罗拉多大峡谷是奔腾的科罗拉多河侵蚀形成的，现在只剩下小小的溪流了。北部是犹他州布赖斯峡谷国家公园，在绚丽多彩的沃萨奇组地层上形成许多宏伟的柱子。亚利桑那州和南达科他州的彩色沙漠就与这种多彩的沉积物有关（图23），短而陡的坡被无数的溪流侵蚀，形成独特的流域体系。

侵蚀作用发挥到极限时就形成了犹他州和亚利桑那州边界的纪念碑峡谷，孤立的或者成群的山脉隆升高出沙漠1，000英尺（约304米）或更多。

图22
科罗拉多梅萨佛得国家公园中的白垩系曼克斯页岩和梅萨佛得组地层（照片由美国地质调查局L.C.胡弗提供）

抗侵蚀的岩盖保留了沉积物，地表剩下的部分被剥蚀。在平顶山区较宽的范围内也有相类似的情况，准平原的剩余部分受到更抗侵蚀的砂岩层的保护，这种准平原从字面上讲就是一种平原。许多平顶山，包括世界上最大的大平顶山西科罗拉多，是由于上面有一层抗侵蚀的玄武岩而形成。

岩浆沿着地壳中的裂隙侵入形成岩墙，通常比围岩要坚硬，因此经过剥蚀之后往往形成长长的脊，新墨西哥州的希普罗克就是一个最好的实例，当上覆的沉积物被剥蚀之后，许多大岩墙从1，400英尺（约427米）高的火山颈上向外呈放射状矗立着。具有这种结构的另外一个很好的例子是怀俄明州的戴维斯塔，由充填在火山岩管中的岩浆固化形成。在侵蚀作用下抗侵蚀能力较强的岩石的高度将高出周围的地层。

火山口是火山喷发之后发生垮塌，在地壳上形成的大坑。火山口受到侵蚀作用之后会变得更大，以至于在地表难以识别。然而在飞机和卫星上可以识别出许多这样的火山口。陨石冲击坑的情况也是如此，受到严重的剥蚀之后只能从高空识别它们。

沉积过程

沉积物来源于地壳的风化作用，许多沉积过程在海洋中缓慢地进行。海洋沉积物包括陆地上冲下来的物质，因此多数沉积岩沿着大陆边缘和内陆海

图23
南达科他州大荒地国
家公园中沃萨奇组地
层中高低不平的露头
（图片由国家公园服
务机构提供）

盆形成。北美洲在侏罗纪和白垩纪之间发生过类似的海洋侵入（图24）。

　　北美白垩纪时期的内海，下面沉积速率高的地区形成了数千英尺厚的沉积物，这些沉积物被暴露到地表之后，沿着单个沉积岩层可延伸数百英里。

　　沉积岩的形成同时伴随着剥蚀作用，大陆是遭受剥蚀作用的主要场所，海洋则是接受沉积的主要场所。岩石经过多重的风化作用，包括雨水、风蚀和冰蚀作用。松散的沉积物被河流带入海洋中。像亚马逊河和密西西比河可以从内陆地区带走大量的沉积物。印度和亚洲受到侵蚀而高耸的地台地区是现在最大的单一沉积物来源。主要的河流从源区携载沉积物到孟加拉湾沉积，通过这一过程，世界上所有的河流可以携载沉积物总量的40%进入海洋中。

　　估计每年有250亿吨的沉积物通过河流进入到海洋中，并沉积到大陆架上。大陆架可以延伸100英里（约160千米），厚度可达600英尺（约180米）。相比许多海岸地区的坡度来说，在许多地区大陆架十分平坦，平均的坡度只有10英尺/英里（约3米/1600米）。大陆架的外面是大陆坡，延伸的厚度平均超过2英里（约3千米），大陆坡相对于许多山脉的坡度来说要陡几度，所以沉积物到达大陆坡的边部之后受到重力的影响会下滑。通常大量的沉积物通过重力滑动垮塌下来，有时候侵蚀成海底峡谷。

沉积岩中的许多矿物直接从海水中沉淀出来，当陆地被侵蚀的时候，每年大约30亿吨的岩石熔解到水中，被河流带入大海，在2,000年的时间内这足以导致地表被侵蚀掉1英寸（约2.54厘米）的厚度，这也是为什么海水含有如此之高盐分的一个原因。除了通常我们餐桌上的盐之外，海水还含有大量的碳酸钙、硫酸钙和硅质，这些物质通过化学和生物过程沉积到洋底。

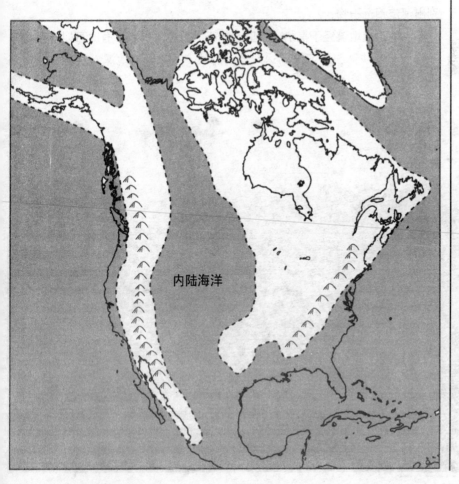

图24
北美的白垩纪内海，在下部沉积了厚层沉积物

内陆海洋

在沙尘暴频发的干旱地区，大风会吹走松散的沉积物，被风携带的沉积物在海洋慢慢沉积形成深海红泥，这种颜色就代表它来源于陆地。然而大部分风载沉积物还是会降落到陆地上，通常会形成厚层黄土，这种沉积层很细而且层位很一致，与其他沉积物具有明显不同的特征。美国中部的许多黄土沉积物在更新世的冰河期沉积，在冰河期没有覆盖冰的地区被吹干，发生大范围的荒漠化。

河流沉积物是产生在河流负载中的沉积物，在剥蚀作用发生后沉积物仍然保留在陆地上。当河流被沉积物阻塞之后，河水就会充满河道，最后在周围的平原发生洪水泛滥，并侵蚀出一条新的河道。河流弯弯曲曲，绵延不绝，在洪水泛滥的地区形成厚层的沉积物，这些沉积物可以填满整个河道。河流沉积物具有粗粒沉积和交错沉积层理的特征（图25），当河流沿着老河道来回流动的时候就形成了这些交错层理，通过这些特征可以在野外露头识别出河流相沉积物。

洪水迅速地流经干旱的山区时会携带大量的沉积物，有时可以携带汽车一样大小的块体，当河流到达沙漠的时候，洪水迅速地深入沙层，快速消

图25
犹他州坎因郡约翰逊峡谷内具有交错层理的纳瓦霍砂岩（照片由美国地质调查局W.H.杰克逊提供）

亡。外层的泥被侵蚀干净之后，巨块的岩石就露出来了，说明水流具有巨大
威力。

沉积岩

沉积岩可分为碎屑岩、石灰岩和蒸发岩等。碎屑岩主要由母岩破碎的松
散碎屑组成，然后经过机械搬运后被胶结在一起形成坚硬的岩石。沉积岩通
常来源于火成岩、变质岩和其他沉积岩的风化或分解过程，岩石遭受风化作
用，并受到流水、风的作用，被反复地加热和冷却，还会受到动物和植物的
作用，经过这一系列的作用岩石破碎成沉积颗粒。风化作用将岩石裂解开来
或导致岩石的外层发生剥落，这一过程称为页状剥落。

风化的产物范围较广，从细粒的沉积物到较大的石块。比如雨水、风和
冰川这样的剥蚀作用最终将沉积物带入溪流和河流中，然后将这些沉积物带
入海洋中。棱棱角角的颗粒表示搬运的时间较短，圆圆的颗粒意味着在长途
的搬运过程中经过了很好的磨圆，或经过了激流或海浪的反复冲刷。

暴露到地表的坚固的岩石经过化学作用分解成黏土和碳酸盐，接着在
机械搬运中破碎成泥沙和砾石。携载沉积物的河流溢出河道，带着沉积物
七弯八绕，弯弯曲曲流向海洋，当河流到达海洋的时候流速迅速减缓，悬
浮的沉积物就沉落下来。同时河水化学溶解的物质通过洋流和海浪与海水
充分混合。

当悬浮的河相沉积物到达海洋之后，根据它们的颗粒大小沉落下来，大
颗粒沉积物沉落在亲流海岸的附近，细颗粒的颗粒沉落到海洋内部海水比较
平静的地方。由于海岸沉积物的不断堆高或海平面的下降，海岸线会向海洋
一侧移动，这时细粒的沉积物就会被粗粒的沉积物逐渐覆盖住。当海岸线向
陆地一侧移动或海平面上升时，粗粒的沉积物就会被细粒的沉积物覆盖住。
这种过程会产生砂岩、泥岩和页岩的反复沉积的层序（图26）。

砾石在海洋中很少见，主要通过海底滑坡过程将砾石从海岸搬运到深海
平原中，这种过程称为海底浊流。

上面岩石的重量压在下伏地层上，沉积物固化形成岩石，形成灰岩、页
岩、泥岩和砂岩互层的地层柱。如果岩石遭受地球内部的温压作用，沉积岩
会变质成大理岩、板岩、石英岩和片岩。

页岩和泥岩是最常见的沉积岩，因为长石是含量最多的矿物，而这些岩
石是长石风化的产物。另外，所有岩石经过剥蚀作用最终形成黏土级的颗

粒，因为黏土颗粒很小，沉降很慢，通常在远离海岸平静的深水环境中沉降。上覆沉积物的压实将颗粒间的水分挤出来，如果沉积物较厚则将黏土固化形成泥岩，如果黏土很薄则形成页岩。

碎屑沉积岩通过颗粒的大小分门别类。对于砾石级别的沉积物如果磨蚀得很圆则称为砾岩，如果保存有棱角则称为角砾岩。砾岩由大量的石英和玉髓组成，如燧石等。角砾岩相对较少，可以指示陆地的泥石流和海底的垮塌。泥石流在大陆坡下堆积形成粗粒碳酸岩碎石，称为角砾灰岩。火山角砾岩称为集块岩，是火成碎屑固结形成的岩石。冰碛岩是冰川的沉积物，包括巨砾和卵石大小的沉积物。

砂岩主要由如同沙滩上沙子大小的石英颗粒组成，如果砂岩含有大量的长石，则称为长石砂岩。硬砂岩通常称为脏砂岩，是暗色粗粒的砂岩，含有黏土质的胶结物，人们认为它形成于海洋浊流的环境。泥岩由很细的石英颗粒组成，这些颗粒在肉眼下可见。页岩和泥岩由很细的沉积颗粒组成，这些颗粒在肉眼下难以识别。

碎屑沉积物由细粒沉积物压实成岩或粗粒沉积物被胶结成岩。随着上覆沉积物层质量的加重，单个的颗粒被压实并固结。像碳酸钙、硅质和铁的氧化物在颗粒的间隙内沉淀并充当了胶结物。

虽然煤层源于碎屑沉积或化学沉淀作用，但仍被认为是一种沉积岩（图27）。生长在潮湿沼泽环境里的植物被压实形成了煤，在容易分离的煤层之间或相关的细粒沉积物中常常可以发现古植物的茎和叶的碳质残骸。黑色和碳质页岩通常源于古含煤沼泽，在容易剥离的叶层之间可以发现植物的遗迹。

水中熔解的矿物通过生物和化学沉淀作用形成非碎屑和沉积成因的岩石。"沉淀"这个术语是一个历史性的用词不当，以前认为这种岩石的形成和冰晶的凝结具有相似的过程，于是这一术语从那个时候就传了下来。大

图27
犹他州卡本郡，逊尼斯德煤矿中的厚层煤层（照片由美国地质调查局D.J.费希尔提供）

气、水和碳的氧化物反应使得雨水中含有大量的碳酸，碳酸可以熔解地表的钙和硅质矿物，形成重碳酸盐和硅酸盐，然后被带入海洋中通过海浪和洋流与海水充分混合。

碳酸岩通过直接化学过程和生物作用从海水中沉淀出来，这种方式最为常见。生物组织利用重碳酸钙建造支撑身体的结构，如外壳，就是由碳酸钙组成。生物组织死后，它们的外壳就降落到洋底，厚层的碳酸钙慢慢地沉积就形成灰岩。

灰岩是最普通的沉积岩，大部分由生物过程形成，灰岩中出现大量的海洋生物化石就能说明这一点。一些灰岩通过海水的化学作用沉淀出来，少量的碳酸岩出现在蒸发岩中。白云岩是一种灰岩，但是灰岩中的钙被镁替代了，这种岩石更能抵抗酸雨的侵蚀，这就是为什么欧洲的阿尔卑斯山是世界上最壮丽的山脉。灰岩的另一种极端形式是白垩土，这是一种松软多孔的钙质碳酸岩石，不要和教室里使用的粉笔混淆了，粉笔是一种硫酸钙。

大部分灰岩都形成于海洋中，还有一些薄层灰岩形成于湖泊和沼泽。灰岩在所有露出地表的沉积岩中约占10%，许多灰岩层非常厚（图28）。

识别灰岩可以通过它们典型的轻灰色或轻棕色色调，灰岩是最好的化石保存岩性，这是由于灰岩的沉积性质，许多海洋生物死后其外壳和骨骼被掩埋起来并固结在岩石中。

许多灰岩全部或部分由化石组成，这取决于沉积是发生在安静的还是扰

图28
蒙大拿州刘易斯和克拉克郡的锯齿山脊东部（图片由美国地质调查局的M.R.马奇提供）

动的水环境中。称为鲕粒的小球粒代表了扰动的水环境，而灰岩泥层成岩之后称为泥晶灰岩，通常代表了安静的水环境。在安静的水环境中，不受水流和波浪的扰动，整个生物组织连同身体坚固的部分一同被埋入碳酸钙沉积物中，随后经成岩作用形成灰岩。

浅水中的碳酸盐沉积通常不足50英尺（约15米）深，主要形成在潮间带，这一区域富含生物组织。珊瑚礁形成在浅水环境中，这里阳光充足，生物容易进行光合作用，因此珊瑚礁中往往含有大量的生物遗骸。许多古老的珊瑚礁大部分由碳酸盐泥组成，含有较多的骨骼遗骸。

许多盐酸盐岩石是砂质或泥质的碳酸钙物质，砂质的颗粒主要是无脊椎动物的骨骼和钙质海藻外壳破碎后的遗骸沉降下来的产物。骨骼遗骸可能受到机械力的作用被破坏，如海浪的冲积或生物的活动。这些残骸受到进一步破坏形成泥质级别的颗粒后就会形成碳酸盐泥，这是碳酸盐岩中最常见的组分，并形成泥晶灰岩基质。在特定的环境下，灰岩泥溶解到海水中，在海底的其他地方再次沉降，形成方解石软泥，随后经成岩作用形成灰岩。

当钙质沉积物在海底堆积变厚之后，沉积层的底部就会受到巨大的压力，这使得底部层位形成碳酸盐岩，主要是灰岩或白云岩。如果细粒的钙质沉积物成岩作用不那么彻底，就会形成松软多孔的白垩土。灰岩发育一种典型的重结晶结构，方解石通过熔解作用晶体生长或灰岩发生重新结晶就会形成这种结构。

一些碳酸盐岩在深海中沉积，形成灰岩的最大深度取决于钙质碳酸盐的补给，通常在两千米的深度。低于这个深度区域之后，深海很冷并且压力很大，含有大量的游离二氧化碳，将这深度的碳酸钙熔解。这种过程主要在热带地区，洋流上升将大气中由于碳循环丢失的二氧化碳返回到大气中，通过地球化学过程完成碳的循环。

在洋底火山活动区域，硅质很容易溶解进入到海水中，这些硅质来源于火山喷发或者陆地硅质岩石的风化产物。一些生物如海面藻和硅藻可以直接从海水中吸收溶解的硅质用来组织外壳和骨骼，这些生物组织死后堆积的硅质沉积物形成硅藻泥，也称为硅藻土。在地质历史时期中，这些生物组织的巨大增长对世界范围内的厚层沉积具有很大贡献。

海水含有3.5%的溶解矿物质，大部分为氯化钠，氯化钠可以沉淀为岩盐或者普通的食盐。从古代开始，食盐在世界范围内被广泛地开采。浅海被封闭后形成卤水塘，海水蒸发后盐就从海水中析出来，这就是为什么盐矿被称为蒸发盐矿。在这个过程中，蒸发作用发生在慢慢下沉的盆地中的浅水区域，而盆地部分被沙坝阻挡。在风暴期间海水灌满盆地，盆地又焕然一新。盐在盆地深部堆积成厚层，将正常的海洋沉积层序切断。

随着海水的蒸发，盐在海水中的浓度增加并接近饱和状态，过饱和之后从海水中结晶出来堆积在洋底。几千英尺厚的海水蒸发岩中可产生100英尺（约30米）的盐。然而，许多盐矿大大超过了这一厚度，可能经历了多次的蒸发轮回。

海水中还沉淀出其他矿物，包括用于石灰和墙板中的石膏，用于肥料和炸药中的磷酸盐和硝酸盐，用于许多产品包括化肥中的钾盐，还包括重要的卤素，如溴、碘、氯。在大陆内部的蒸发岩矿床，如新墨西哥州卡尔斯巴德钾盐矿（图29），表明这个地区曾经被海水淹没过。许多油田靠近古盐丘，因为盐丘可以为油气提供封闭构造。

蒸发岩矿床通常在赤道南北30度的干旱地区形成。现在还没有大规模的盐矿正在形成，说明目前地球的气候处于相对较冷的时期。古老的蒸发岩矿床可以往北到北极地区，表明这一地区曾经靠近赤道或者在过去的地质时期内这一地区要温暖得多。在2.3亿年前是蒸发岩形成的高峰期，这一时期存在联合超级古陆。极少数蒸发岩矿床早于8亿年形成，很可能大部分早前形成的盐矿通过循环消失了。

目前，地中海是部分封闭的洋盆，蒸发的速率非常高，每年约五英尺（约1.5米）的海水被蒸发，海水中盐的浓度升高，造成比其他海水的密度要大。高盐度的海水沉降到底部，经过一段时间以后充满整个洋盆。此外河水的注入不能抵消蒸发的海水量和从直布罗陀海峡流出的水量。

盐从溶液中结晶出来分为几个步骤，首先结晶的矿物是方解石，紧接着是白云石，但是只有少量的灰岩和白云岩以这种形式形成。大约2/3的海水被蒸发之后，石膏开始沉淀。当9/10的海水蒸发之后，岩盐就形成了。厚层的岩盐也可以在与海洋隔离的深水盆地中直接沉淀出来。

石膏是含水的硫酸钙，厚层膏岩层是多数常见沉积岩的一种。当海洋或内陆海随着蒸发范围越来越小的时候，蒸发沉积就会产生石膏。北美内陆在中生代受到海水侵入，因此俄克拉荷马州就以石膏岩层而闻名。开采这种矿物可广泛地用于水泥工业。早在公元前12000年，亚洲古代的人将石膏最先用于屋顶、容器、雕刻和装饰的珠子，这远远早于陶器的发明。

沉积构造

　　沉积岩的层理通过层面隔开，在这些层面部位很容易将岩石分开。层位厚度的变化反映了沉积物沉积的不同沉积环境，每一个层面都代表了一个沉积类型的结束和另一个沉积类型的开始。因此厚层砂岩曾可能夹杂着一些薄层页岩，表明粗粒的沉积过程中常常夹杂着细粒沉积，这可能由气候条件的变化引起。

　　沉积层的颗粒从底部到上部由粗变细，形成粒序层，这反映了在流入海洋的河流中，不同粒度级别的沉积物快速沉积，最大颗粒的沉积物最先沉降，因为沉降速率不同，粗粒沉积被逐渐变细的物质覆盖，岩层也呈现水平

图29
在新墨西哥州卡尔斯巴德地区，迪瓦勒硫&钾公司正在采矿作业（图片由美国地质调查局的E.E.帕特森提供）

41

变化，这种沉积物级别的变化称为相变，相变来源于拉丁语，意思是"建造"。

沉积岩层的颜色可以帮助识别沉积环境。通常具有红色和棕色色调的沉积物表示其来源于陆地，绿色和灰色的沉积物表示海洋成因。单个颗粒的大小也影响颜色的亮度，通常暗色的沉积物表明颗粒很细。

在野外河流相沉积可通过粗粒颗粒和交错层理结构来识别，这是古河道反复来回流动的结果。河流也能排列矿物颗粒和化石，在岩石中形成一种线状构造，可用于识别水流的方向。暴露在地表的波纹也可以用来判断水流的方向（图30），如果波纹由沙漠的沙子组成的话，也能指示风吹的

图30
科罗拉多杰斐逊郡达克塔砂岩上的波纹构造（照片由美国地质调查局J.R.丝塔西提供）

图31
沙特阿拉伯宰利姆东南100英尺（约30米）高的沙丘顶部发育一条沟，楔状层理、交错层理，从三个方向向下陡倾（照片由美国地质调查局E.D.麦基提供）

方向。沙丘固结成岩之后形成独特的丘状结构（图31），可用来判断沙丘移动的方向。

　　浊流岩是浊流发生时形成的沉积岩，海底滑坡可以解释海底的侵蚀深沟，含有沉积物的水发生滑坡时因为比周围的海水重，因此会沿着洋底迅速流动，并侵蚀底部松软的物质。这些泥流称为浊流，沿着缓和的坡下滑时可以搬运很大的石块。河流的携载、海岸风暴和其他流体也会引起浊流，在建造陆坡和将洋底变平滑的方面起到了很重要的作用。

　　在评价剥蚀和沉积作用以及它们对陆地的影响之后，下一章我们将集中阐述地球的地质特征。

3

标准地层剖面

岩石成因

本章介绍了地质建造的定年、相互关系以及地质图。地球的很多地层和地层单元都有着复杂的分类系统。地层单元首先分为"界"，"界"由地质年代中某个"代"形成的岩石组成。"界"可以细分为"系"，"系"由地质年代中某个"纪"形成的岩石组成。"系"分成"群"，"群"由两种或两种以上有着同样特征的岩层组成。岩层通过截然不同的特征分类，并用它们首次被发现的地方的名字命名。岩层可以按砂岩、页岩、石灰岩分为独立的地层，称之为"段"。

标准地层剖面是一个地层层序单元，被当作一个标准层序用来对大范围分布的相似底层单元进行对比。标准地层剖面大多选自岩层的顶部和底部都已经暴露的地区，并且用暴露最好的地区的名字命名。例如，含有恐龙骨头的著名的侏罗纪莫里森地层就是以科罗拉多州丹佛附近的莫里森镇命名的（图32）。

标准地层剖面通过所含的不同化石进行区分，这些化石用来确定地层单元的相互关系。标准地层剖面按照年龄排列成柱状，并用来建立地质年代表。可以定年的物质用来确定地质时代单元的准确年龄。最后，我们可以用地质图将一个露出有独特岩石的地区的地质历史表示出来。

图32
犹他州温塔山脉中的侏罗纪莫里森地层

侏罗纪
莫里森地层
恐龙墓地

地质年代

根据地层中化石的类型和数量，地球的历史被分成几个地质年代单位。最主要的单位是19世纪大不列颠和西欧的地质学家描绘的。"纪"得名于那些地层暴露最完全的地区。例如，侏罗纪因瑞士的侏罗山命名，那里的石灰岩含有一套正好符合这个时代的化石。

因为没有确定岩石精确年龄的方法，地质学家们用相对年龄的方法把地质年代单位和相应的层序整合起来，而不需要参照它们的精确年龄，从而创建了整个地质记录。在此之后，基于放射性同位素衰变的放射性年龄测定方法发展起来，绝对定年才加入到地质年代单位中。

地质年代细分为"代"，包括前寒武纪——早期生命的时代；古生代——古老生命的时代；中生代——中间生命的时代；新生代——新的生命的时代。最长的"代"是前寒武纪，持续40亿年，并且由于古老有机体化石遗体的缺乏，演化历史模糊不清。古生代初期，大约5.7亿年前，由于有着坚硬骨架的物种的繁殖，化石记录有很大提高。在此之前，有机体为软体动物，因此不能形成良好的化石。

古老岩石中缺少化石，这常常使早期的地质学家们感到困惑。然而在全世界范围内的寒武系底部岩石中突然发现大量生命的活动（图33）。寒武纪由中威尔士的寒武纪山脉命名，那里可以找到含有最早期化石的沉积岩。寒武纪的初期被认为是生命起源的时代，在此之前的所有时间都称作"前寒武纪"。

前寒武纪之后的"代"分成更小的单位"纪"。古生代有7个"纪"，中生代3个，新生代两个。每一个"纪"以生物体的变化为特征，其变化较"代"没那么显著一些，这些变化标记了物种的大灭绝、扩散或转变的界限。由于近期的岩石提供了更详细的信息，新生代的两个"纪"进一步划分为7个"世"。我们现在生活的"世"称为全新世，与考古学中的新石器时代以及文明的开端相对应。

地球的年龄

地球的年龄可以比作一天的长度。午夜后半小时，地球形成于原始尘云和原始气体的汇聚。生命在凌晨3:00首次出现，到下午4:00，最早的单细胞生物出现了，多细胞动物，称为"后生动物"，在晚上8:00左右出现。

图33
田纳西州约翰逊郡下寒武纪罗马地层中风化页岩形成的向斜构造。（照片由美国地质调查局W.B.汉密尔顿提供）

一个小时之后，脊椎动物首次出现，并且在不到一个小时的时间内征服了陆地。晚上11：00，恐龙出现了，半小时之后它们被哺乳动物取代。午夜前一分钟人类才登上舞台。

公元前6世纪，希腊哲学家色诺芬尼也许是第一个思考地球年龄的人。他认为出现在山腰岩石中的海洋贝壳化石可以作为岩石形成于海下的证据。他认为地球必须非常古老才可能有足够的时间让山脉以不可察觉的增长速率长成现在的样子，要不然就是可能发生了的大灾难把它们抬升到海平面之上。

早期的地质学家尝试了很多方法来确定地球的年龄。其中一种方法是测量沉积地层的厚度并把它与已知的沉积速率比较。众所周知，这种方法很不可靠，且各地给出的时间千差万别，这是因为各地的沉积厚度不同。另一种方法是将河水的盐度与海洋的盐度进行对比，通常认为随着时间的增长水从淡水变成咸水。这些方法给出的地球年龄大约为1亿年，被大多数19世纪的地质学家们广泛接受。

另一种方法是计算从太阳星云形成地球、从熔融状态冷却到现今温度所需的时间。但是，放射性同位素发现之后，这种方法没过多久就被废弃。放射性同位素衰变为稳定同位素时产生热量，这种热源是从最初起就维持地球内部温度的原因。通过计算地球、陨石、月岩上某些放射性同位素的半衰期（图34），科学家们确定地球的年龄大约为46亿年。

动物群序列

岩石书写了地球的历史，而化石讲述了生命的历史。但是因为地表的重建擦去了一些地质时代的记录，化石记录并不完全。对化石的研究以及对岩石的放射性测年使得地质学家能重建一个合理的地球历史年代表。化石记录同时提供了地球演化的有力证据。此外，对整个化石记录中物种的出现和灭绝的了解对于建立一个随时间变化的物种演化过程的精确记录非常重要（表4）。

自从古代希腊人首先在远离海滨的山区发现海贝壳并且思索它们的由来，化石的存在就已经被确认，但是直到18世纪晚期人们才发现化石可以作为一种重要的地质工具。18世纪90年代，英国的城市工程师威廉·史密斯发现他开凿的运河里的岩层中含有的化石不同于之上或之下的岩层。史密斯利用不同地层及所含化石的特征，画了一张全英国不同岩层的地质图。他提出了一种想法，来自不同地点的主要岩层含有相同的化石，就可以认为它们的年龄是相同的。此外，一种类型的岩层（比如砂岩）可以根据含有的不同的

表4 生物圈的演化

	时间（10亿年前）	氧气含量（%）	生物效应	事件的结果
氧气状况	0.4	100	鱼类、陆地植物、动物	接近现在的生物环境
贝类动物的出现	0.6	10	寒武纪动物群	穴居环境
后生动物出现	0.7	7	埃迪卡拉动物群	最早的后生动物化石和生物遗迹
真核细胞出现	1.4	>1	有核的大型细胞	红层、多细胞生物
蓝绿藻	2	1	藻类	有氧代谢
藻类先驱	2.8	<1	叠层石堆	最初的光合作用
生命起源	4	0	少量碳	生物圈的演化

化石分成不同的岩层。这些发现促使他提出了动物群序列法则，这是历史地质学中最重要也是最基本的法则之一。

　　大约在相同时间，法国地质学家居维叶和亚历山大·布隆尼亚尔发现巴黎附近岩石中的化石只产出于某些特殊的地层中。地质学家把这些化石按年代顺序排列，发现化石随着地层中的位置变化而系统地变化，地层柱上部岩层中的化石比下部岩层中的化石更接近于现代生命形式。此外化石的出现也不是杂乱无章的，而是遵循着严格的从简单到复杂的顺序。因此地质时代的阶段可以根据出现的特定化石来确定，这成为确定地质时代范围的基础和现代地质学的开端（表5）。

1830年，英国地质学家查尔斯·莱伊尔把这些理念又推进了一步。他认为根据"均一律"，在地质历史中岩层与其他地质特征的形成、侵蚀、改造有着稳定的速率，"现在是过去的钥匙"，也就是说，塑造地球的力是不变的，并且在过去的作用与现在大致相同。这个理论是1785年由莱伊尔的导师，苏格兰地质学家詹姆斯·休顿首先提出的，今天他被称为"地质学之父"。休顿预见到在这些缓慢的变化背后的首要动力是地球内部的热量。地质学家很久以前就认识到在地球内部岩石会被融熔，火山喷发证实了这种观察。

休顿发现了不整合，还发现古老的沉积地层被翻转、侵蚀，并覆盖了年轻的沉积物，这表明地球的历史超乎寻常的漫长和复杂。休顿认为在海底古老岩石的碎屑物质正在形成当今的岩石，这些碎屑物受到高压被压实固结，受到地球内部热量膨胀的作用被抬升。休顿的理论是建立在假设的基础上，他假设地球的深度一直很混乱并且熔融物质沿着裂隙或断裂上升到地表，形成火山喷发。

莱伊尔延续了休顿的工作，使得均一论的理论得到世界范围内的承认。莱伊尔综合了许多西欧的岩石和地貌的观察，总结表明如果有足够的事件，现在的过程一样会形成这些产物。许多地质学家认为这个理论不足以解释正在发生的各种地质作用力。很明显过去的事件不是一直在缓慢地演化，而是突然发生的，这在化石记录中可以得到证实，这些化石记录表明地球上曾经发生过几次灾难性的物种大灭绝。

化石具有它们的时代顺序，因此不会出现混乱和随即现象，化石的生命形态呈现出逐渐从简单到复杂的变化，揭示了物种随着时间的进化。地质学家因此可以根据某一特定时期出现的大量的或是很有特征的生物群来确定地质年代。在每一个阶段，许多进一步的分类是由特定物种的出现来确定的，这种方法在每个主要的大陆都能适用，而且毫无例外。

基于化石来专门研究古老生命的地质学分支叫做古生物学。化石是在地质历史中保存下来的生物的残骸或遗迹，不是所有的生命体都能变成化石，植物和动物必须在严格的条件下被掩埋起来才能成为化石。假如具有足够的

表5 地质时代范围

代	纪	世	年代（百万年）	最早的生命形式	地质
新生代	第四纪	全新世	0.01		
		更新世	3	人类	冰期
		上新世	11	乳齿象	喀斯喀特山
		新第三纪			
		中新世	26	剑齿虎	阿尔卑斯山
	第三纪	渐新世	37		
		早第三纪			
		始新世	54	鲸鱼	
		古新世	65	马，鳄鱼	落基山
中生代	白垩纪		135		
				鸟类	内华达山脉
	侏罗纪		210	哺乳动物	大西洋
				恐龙	
	三叠纪		250		
古生代	二叠纪		280	爬行动物	阿巴拉契亚山脉
	宾夕法尼亚纪		310		
				树木	
	石炭纪				
	密西西比纪		345	两栖动物	联合古陆
				昆虫类	
	泥盆纪		400	鲨鱼类	
	志留纪		425	陆地植物	劳亚古陆
	奥陶纪		500	鱼类	
	寒武纪		570	海生植物	冈瓦纳古陆
				壳类动物	
			700	无脊椎动物	
元古代			2500	后生动物	
			3500	最早期生命	
太古代			4000		最古老的岩石
			4600		陨星

时间和适宜的条件，生物体的残骸就会变质，发生岩化现象，从严格意义上说，生物体变成了石头（图35）。

化石对于建立相隔遥远的两个地层单元之间的联系非常重要。由于特定的物种只能生活在特定的时期内，所以这些物种相应的化石就能够将地层单元放在合适的层序内，或者能确定相应的地质时代。通过对比岩层中所含的化石，这些层位可以在很广的范围内得到确认，这就能够在一个较广的区域内展现一个全面的地质历史，并且这种方法可以推广到世界上任何一个角落。绝对定年已经应用到具有相对时代的地层定年中，这有助于进一步深化地质历史的理解。

相对年龄

解读早期生命的化石时遇到的一个主要问题是地壳一直在自我重组，并且只有少数含有化石的建造在地质历史中保持不变。地表的重建擦去了地质历史的许多章节，因此化石记录不能完全地讲述地球历史。

人们从古代就意识到化石的存在。古希腊哲学家亚里士多德清楚地认识

图35
亚利桑那州阿帕齐郡，国家化石森林公园中的化石树干（照片由美国地质调查局 N.H.达顿提供）

53

到有些化石是有机体的遗体，虽然他渐渐认为化石是某些天体影响的结果。这种用占星术对化石作解释在整个中世纪一直流行。文艺复兴引领了科学的新生，直到文艺复兴晚期，才出现了基于科学原理的对于化石存在的另外解释。到18世纪，大多数科学家开始接受化石是有机物遗体的观点，因为化石更像生物，而不单单是无生命的东西。

19世纪地质学家已经能够利用化石来确定地质年代表的界限。但是，因为没有对含化石的岩石的绝对可靠的定年方法，地质学家用相对年龄描绘了整个地质记录。这种定年方法根据岩石中的化石仅仅指出哪个地层老，哪个地层新。因此，相对定年只能确定岩石的合理序列或顺序，但是并不能指出到底是何时发生了这个事件，只能说明这个事件发生在某段时间之后以及某段时间之前。

地质学家通过在岩石层位中追踪化石来确定地质时代，并且观察化石在深部岩石与地表附近岩石有什么变化。含化石的岩层可以水平追溯很长的距离，因为在另一个地方特定的化石层位可以根据特定层位上面的地层或下面的地层来确定。这些标志层可用来识别地质建造，在地质填图过程中还可用来圈定岩石单元。

在确定地质时代范围的时候最令人沮丧的是化石记录缺失，这样地球历史的部分记录就被抹去了。剥蚀时期或沉积地层中没有保存物种的化石都能造成地质时代缺失，化石记录的缺失还可能是由于缺少处于中间进化位置的物种或称为所谓的 "链接缺失"，但这种缺失可能只在较小的生物群落中出现。小生物群落不太可能留下化石记录，较大的物种群落对形成化石的过程非常有利，在化石记录中也非常容易识别。

岩石的相互关系

17世纪，丹麦的内科医生兼地质学家尼古拉斯·斯坦诺发现在没有发生褶皱或断层变形的一系列岩层中，每一个岩层形成于下面的岩层之后，上面的岩层之前。这就是著名的重叠原理。斯坦诺还提出了初始水平原理，即沉积岩在海底刚开始形成的时候是水平的，后来发生褶皱和断层作用被抬升出海面，并以很陡的角度发生倾斜。

如果倾斜的岩石被水平岩层覆盖，这说明存在一个时间间断，是为角度不整合（图36）。

　　此外，如果岩体切穿其他地质单元的边界，那么这个岩体就比被切穿的岩石年代老，这就是交切关系原理，即花岗质侵入体比被侵入的岩石年轻。以正常顺序接触的岩石层序称为柱状层序剖面（图37）。

　　如果建立一个全世界范围内通用的地质时代尺度，一个地方的岩石就可以和另一个地方时代相近的岩石联系起来并且可以对比。通过联系一个地区和相隔较远的另一个地区的岩石，地质学家就可以了解这一区域上的全面的地质历史背景。通过识别岩层中的典型特征就可以从一个露头到另一个露头追踪一个岩层或是一个岩层序列。

　　如果两个或多个相同的岩石单元在每个地方同时出现就会出现问题。如果这个地区存在断层，就会令问题更加复杂。一个岩石层序的块体下落后可能与另一个相接触，或是逆冲到另一个岩层之上。发生褶皱的地层其层序可能完全倒转（图38），使得问题更加错综复杂。重复出现的砂岩、页岩和灰

图36
智利塔拉帕卡省，察卡瑞拉地层和阿多斯皮卡地层之间的角度不整合接触（图片由美国地质调查局R.J.丁曼提供）

阿多斯皮卡地层

察卡瑞拉地层

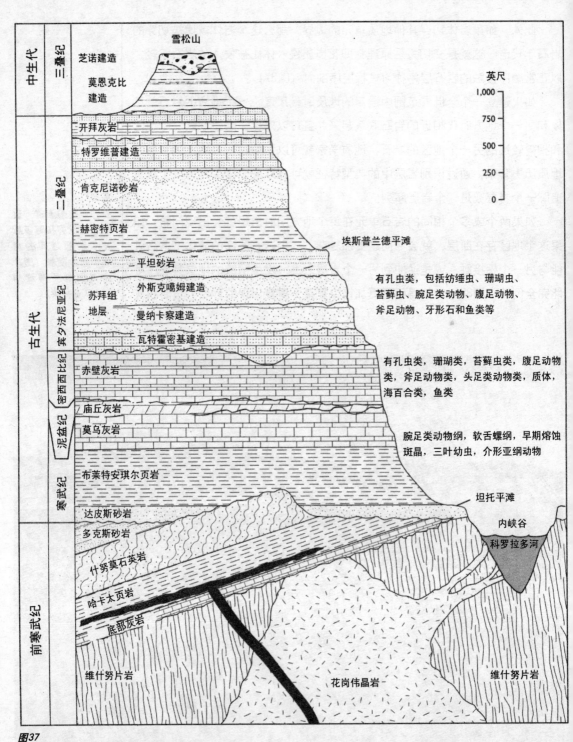

图37

一条科罗拉多大峡谷的柱状地质剖面

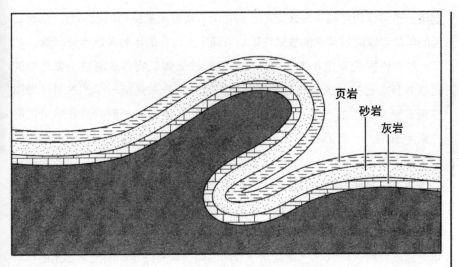

图38
强烈褶皱的地层将地
层之间的关系复杂化

岩层序也使得地层的相互关系更加复杂。

这些方法在相对较短的距离内足够追溯岩石建造，但是不足以长距离地追溯，比如从一个大陆到另一个大陆。因此将相隔千里的地区或大陆联系起来就要借助化石。后来地质定年被应用到岩石中来进一步限定岩石之间的相互关系。

岩石定年

在放射性测年方法出现之前，地质学家没有办法给地质事件精确定年。因此，依靠岩石中的化石进行相对定年的技术发展起来，并且沿用至今。绝对定年方法没有取代这些技术，只是使它们得到补充。不过，自从精确的绝对定年方法应用于相对定年之后就遇到了一些困难，包括对地质历史中某些事件的定年出现了不同的意见。

如果试图将绝对定年应用到具有相对年代的单元，一个基本的问题是最具放射性的同位素只局限于火山岩中。沉积岩是地表最多的岩石类型，且含有化石，即使沉积岩中含有具有放射性的矿物，大部分岩石也不能够准确地定年，因为沉积岩是由古老岩石的碎屑颗粒组成的。因此沉积岩通常不能通过放射性衰变方法来定年。给沉积岩定年必须要和其中火成岩的物质组分联系起来，在一个沉积岩层上面或下面沉积的一层火山灰可以用放射性方法来定年，也可以用穿插关系来定年，如花岗岩墙要比被穿插的岩层老。沉积岩层的年龄可以通过其中的放射性矿物来确定，这样的年龄可以十分精确。

放射性同位素定年方法需要测量放射性母体矿物和放射性子体产物的比值并且与已知的放射性元素半衰期比较。半衰期是指一半的放射性母同位素衰变为稳定的子体同位素所需要的时间。例如，一磅的假设放射性同位素半衰期为一百万年，那么一百万年之后会出现半磅的原始元素和半磅的子体产物。

通过化学分析和放射性方法分析测定出样品中母体元素和子体产物的比值，因此如果母体元素和子体元素的量相等，说明到了半衰期的年龄，样品的年龄就是100万年。200万年之后，样品中就只剩下1/4的初始元素，400万年之后就只剩下1/16了。通常用于放射性同位素方法定年的元素测定的年龄应该到十个半衰期，这时母体矿物的含量只有初始量的1/1000了。

放射性衰变随时间的推移保持恒定，不受化学反应、温度、压力的影响，也不受其他已知的条件或在地质历史期间可能改变其衰变速率的过程的影响。在地质历史时期衰变速率保持恒定，在黑云母中就存在这种情况。在晶体包裹的放射性颗粒周围发现极其微小的环带和晕圈，这些晕圈由围绕着放射源的一系列的同心环组成。这些具有放射性的小颗粒会破坏包裹它的黑云母晶体，颗粒的能量由射线穿过的距离和放射性元素的类别决定。既然同心环的半径反映了现在颗粒的能量级别，因此颗粒的能量不会发生明显的改变并且放射性衰变的速率也随时间保持恒定。

放射性定年方法的精确度依赖化学分析的准确度，因为化学分析测定了母体元素和子体元素的量，还要看在沉积之后是否有母体元素和子体元素的带入和带出。这些放射性物质的量也许只有岩石质量的九牛之一毛。在母体元素开始衰变之前，岩石中可能先前就已经存在一部分自然存在的放射性子体矿物。另外许多放射性元素不能直接衰变成稳定的子体产物，而是通过一系列的中间过程，分析起来极其复杂。

科学家使用碳的一种放射性同位素为近期的事件定年，这种同位素称为碳14，或放射性碳。在大气上部通过宇宙射线的轰击持续不断地产生碳14，并释放出中子。中子继续轰击大气中的氮，使原子核释放出质子，这样氮就转变成碳14。在化学反应中，碳14与自然界中碳12的行为相同，与氧结合形成二氧化碳，在大气层中循环，并被生物所吸收（图39）。因此所有生物的

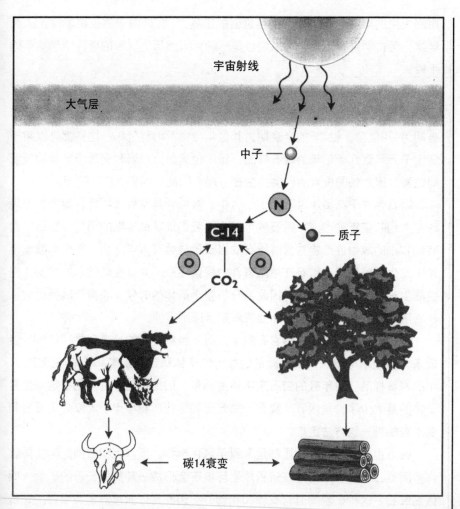

图39
碳14的循环:宇宙射
线轰击大气层产生中
子,中子轰击氮原子
产生碳14,碳14被转
化成二氧化碳,并进
入植物和动物体内

体内都含有少量的碳14。

碳14以稳定的速率发生衰变,其半衰期为5730年。当生物活着的时候,放射性碳被轮番替换,碳14和碳12的比值保持不变。然而在植物或动物死后,碳的摄入就会停止,放射性碳14的量就会持续地减少,衰变成稳定的氮14。碳14的质子中释放出一个β粒子(自由电子),将一个中子变成一个质子,经过衰变恢复到氮原子的初始状态。

通过比较样品中碳12和碳14的比值,并利用化学分析和放射性分析来得到放射性碳的年代。化学分析技术的提高推动了放射性碳同位素定年的推广,这种同位素定年方法可用于十多万年前发生的事件,对于最后一次冰期期间发生的事件定年是一个很有价值的工具。 此外对于古生物学家、人类学家、考古学家和历史学家来说也是一种为人类历史以来的事件精确定年的手段。

自然界中所有放射性同位素中，只有少数证明可以用于古老岩石的定年（表6）。其他的同位素或是非常稀有，或是半衰期太长或太短。铷87的半衰期为470亿年，铀238的半衰期为45亿年，铀235为7亿年，这些都可以用于测定千万年到几十亿年的岩石样品。铀同位素是火成岩和变质岩定年的重要同位素，因为铀同位素的种类共生在一起，因此可以相互交叉验证。

锆石存在于花岗质岩石和火山岩中，对蚀变具有极强的抵抗能力，当地球在大约42亿年前形成，锆石就可以告诉我们地球最早期的历史。锆石中含有铀和铀的放射性产物，含有锆石的岩石形成数百万年之后，在火山喷发事件中发生部分熔融。锆石在熔融事件中保留下来，并且在老锆石的核部外围结晶生长了一层新的锆石。因此当分析整个晶体的时候，表面年龄要比火山灰岩层的年龄老，因此这与穿插关系定年原则相悖。

钾40更适用于较年轻的岩石定年方面。虽然钾40的半衰期是13亿年，但近来分析技术可以探测到很微量的放射性子体稳定元素氩40，能够测定3万年的岩石样品。对年轻的岩石定年精度稍差，因为样品中可用的稳定同位素子体的量太少了。角闪石、霞石、白云母等这些矿物可用于大部分火成岩和变质岩的钾-氩方法定年。

因为组成沉积岩的物质都是来源于风化产物，所以沉积岩的定年会面临许多困难。值得庆幸的是在沉积成岩环境下会形成一种类似云母的矿物，叫做海绿石，这种矿物同时含有钾40和铷87，因此可以通过测定海绿石的年龄来确定沉积岩的年龄。不幸的是无论多么轻微的变质作用都可能会将放射性母体和子体产物带到其他地方，导致放射性时钟重新启动，因此测得的放射性年龄只能是变质事件发生的年龄。如果要准确得到沉积岩的年龄，必须使用大量的岩石进行全岩分析，而不是分析其中的单个矿物。此外，还可以利用光学刺激热发光来测定沉积岩的年龄，当砂粒暴露到光线之下后会释放光线，通过测定释放的光线定年，这种方法对足迹化石的定年非常有用。

岩石建造

地质柱状图的最底部一开始是前寒武纪的花岗质岩石和变质岩（图40），

表6　地质定年中最常用的放射性同位素

放射性 母元素	半衰期（年）	子体产物	用于定年的岩石和矿物
铀238	45亿	铅208	锆石、沥青铀矿
铀235	7.13亿	铅207	锆石、沥青铀矿
钾40	13亿	氩40	白云母、黑云母、角闪石、海绿石、透长石、火山岩
铷87	470亿	锶87	白云母、黑云母、锂云母、微斜长石、海绿石、变质岩
碳14	5730	氮14	所有植物和动物

上面逐渐覆盖了较年轻的沉积岩、火成岩侵入体、变质岩和火山喷出岩。元古代砾岩沉积在前寒武基底岩石的顶部，是砂和砾石固结的产物。犹他州温塔山脉是美国南部唯一的一条主要的东西延伸的山脉，含有 2 万英尺（约6，000米）的古生代沉积物（图41）。蒙大拿州元古代带状建造系统则包含有数英里厚的沉积物。

元古代以陆地红层而著名，称为红层是因为沉积颗粒被铁的氧化物胶结，将岩石染成了红色。在美国西部，大量的红色岩石暴露在山间和峡谷中。这些沉积岩被铁的氧化物所胶结，这种氧化物因为具有血红色所以被称为赤铁矿。红层是地球大气层中含有大量氧气的直接证据，和铁锈的形成过程一样将铁变成氧化物。

在古生代中期，大陆升高海面下降，内陆海消失变成沼泽。在石炭纪时期这些地区沉积了厚层的煤炭层，这一时期包括北美的密西西比纪和宾夕法尼亚纪。在地球历史中，石炭纪和二叠纪具有很高的生物埋藏速率，在晚石炭世期间曾经发生过一次主要的冰期。

在二叠纪陆地发生过完全的海退事件，出现大量的陆地红层和大量的石膏和石盐沉积。在北美，大范围的陆地红层覆盖了科罗拉多高原（图42）和从诺瓦斯科舍到南卡罗莱纳州之间的地区。红层在欧洲也十分普遍。大范围红层的出现可能是由于世界范围内密集的火山活动为红层提供了大量的铁物质。古老树木的树液所包含的气体中含有大量的氧气，这可能与铁氧化为赤铁矿有关。

图40
科罗拉多州艾帕索郡，在尤堤帕斯断层上，沙瓦奇砂岩位于前寒武纪花岗岩之上（照片由美国地质调查局N.B.达顿提供）

　　用作肥料的重要的磷酸盐储库位于爱达荷州和附近各州的下二叠系地层中。巨量的铁质沉积物也沉积下来，但是不如元古代的铁质沉积富集。从阿拉巴马州到纽约州的阿巴拉契亚地区，克林顿铁质建造中含铁的岩石是铁矿资源的主要来源，这套铁质建造就形成于下二叠世时期。

　　在北美中西部有一个内陆海，称为西部白垩纪海路。从科迪勒拉高地到西部受到侵蚀作用并在海底形成的海相沉积物，堆积到科罗拉多高原的陆地红层之上，形成侏罗系莫里森建造。莫里森建造以含有大量的恐龙骨骼而闻名。野兔谷位于科罗拉多州格兰姜欣地区的西部，是莫里森岩层中恐龙化石扎堆的地方，因为靠近州际公路所以出入非常方便，一百多年来化石采集者一直垂涎于这里丰富的化石。因为这里化石众多，所以发现了最大的恐龙种类之———雷龙，这种体形庞大的生物是实至名归的"雷蜥蜴"。

在白垩纪期间，欧洲和亚洲沉积了大量的灰岩和白垩土，海洋侵入了亚洲、南美洲、非洲、澳大利亚和北美的内部。这些水体的内部沉积了许多厚层的沉积物，目前，在美国西部和其他地区，这些沉积物暴露在壮丽的砂岩悬崖上。

在三叠纪期间，火山活动非常强烈，大规模的玄武岩熔岩流覆盖到华盛顿州、俄勒冈州和爱达荷州，形成了哥伦比亚河高原（图43）。

大量的熔岩流覆盖了约20万平方英里（约50万平方千米）的面积，在一些地区厚度达1万英尺（约3，000米）。在大约短短几天的时间内，火山喷出一股一股的玄武岩浆，达1，200立方英里（约5，000立方千米），形成直

图41
犹他州苏密特郡，在温塔山脉中，向北边布朗公园的方向看到的罗达河谷景象（照片由美国地质调查局W.R.翰森提供）

图42
怀俄明州靠近舍尔地区，大角郡的楚格沃特红层（照片由美国地质调查局G.A.费舍尔提供）

径450英里（约720千米）的熔岩湖。大量的火山活动也发生在世界的其他地区，这催生了火山导致恐龙灭绝的理论。因为对许多物种而言，在这样的灾难环境中很难生存。

地质图

要认识一个地区的地质历史，对于地质图的基础知识必不可少。许多地质形态和构造与特定的岩石类型相关，并且在很远的地方就能识别出来。因此，地貌的形态、大小和组成取决于组成它们的岩石性质。形成高山和深谷的岩石被向上推覆或向上褶皱，或穿过地表形成容易见到的露头。

地貌是地球最基本的特征，包括悬崖、山脉、河谷、峡谷、高原和盆地。这些地貌通常显示其组成岩石的类型。所有地貌都是对地表持续建造和破坏的许多过程共同作用的产物，对地貌和构造的了解对于解释区域上的地形和地质历史都至关重要。

　　地质图展示了地表岩石的分布，还显示了这些岩石建造的相对年代，描绘了岩石建造在地表之下的相对位置。通常许多信息就包含在为数不多的几个岩石露头中，并根据这几个露头进行大面积的推断。最初期的地质图出自英国地质学家之手，其中一项实际的用途是用于勘探煤层。在美国西部，勘探者们被巨大的岩石露头震惊了，许多勘探师完成了大量的地质图，他们常常骑在马背上穿过整个地区并将所见到的信息描述下来，其中包括约翰·威斯利·鲍威尔（图44），他是最早到大峡谷勘探的勘探师。

　　现代地质图综合了野外观察和实验室测试，但受到岩石露头、可采性和人员的限制。区域地质图展示了岩石组成、构造和地质年代等信息，地质年代对于构建一个地区的地质历史非常重要。人们可以利用地球物理数据作为辅助手段来揭示地下的结构（图45a，45b），这种反演非常重要。因为岩石单元和地质构造的活动影响世界上多数富集矿物的沉积过程。

　　遥感方法最初用于增加传统编图和解释的技术。遥感技术使得地质学家

图43
华盛顿州富兰克林－惠特曼郡，从帕卢斯瀑布往下游看到的哥伦比亚河玄武岩景象（照片由美国地质调查局E.O.约翰提供）

图44
著名的约翰·威斯
利·鲍威尔（照片由
美国地质调查局提
供）

获得一定的构造和岩石信息，比到野外露头上采集信息要高效得多。在岩石暴露很好的地区，可以利用飞机和卫星绘图，即使能用的野外数据很少也没有关系，因为许多重要的构造和岩石单元都能很好地显示出来。

线性构造是地球表面长长的线性结构，是遥感图像上最明显和最有价值的特征之一。线性构造代表了地壳上的软弱带，通常由断层引起。沿着岩层

图45a，45b
用于探测地下构造的震动车和地震仪器卡车（照片由美国能源部提供）

倾向和走向的线性构造和结构是岩层坡面的角度和延伸方向，对于地质填图非常有帮助。

在遥感图像中观察到的其他特征包括穹隆造成的环状结构、褶皱、火成岩侵入到地壳中的侵入体。像岩石建造的褶皱、断层、倾向和走向这样的构造特征常伴有线性构造、地貌特征、流域型式和其他可以指示油气储层的异常特征。

河流流域型式受地形地貌和岩石类型的影响，也可以额外提供关于地质构造的一些信息。此外，构造的颜色和结构等特征包含有岩石组成的一些信息。利用这些信息地质学家可以完成那些人类无法进入的地区的大规模的地质图。这一发展对于开辟陌生地区的矿床和油气的勘探具有很好的应用前景，尤其在资源非常急需的时期更有价值。

在阐述了岩石建造之后，下一章将介绍地球岩石的褶皱和断层活动。

4

褶皱与断层

地貌的形成过程

本章介绍了地壳形变的作用力。Tectonics（大地构造），源自希腊语
"tekton"，意为"建造"，是地球地质活动活跃作用的结果，包括高耸的
山脉、狭长的裂谷和洋底海沟。大地构造利用抬升和侵蚀两种力量创造了地
球上最引人注目的地质特征。地壳被断层切割，这是板块运动释放压力的结
果。沿着主要断裂系统发生的滑动常常伴随地震的发生，如果地震引发山体
分离就会带来很强的破坏性，而实际上，有很多地区就位于震动带上。

当大陆被源于地球深部的构造作用力拉伸，巨大的块体就以断层为边
界，产生下落的断层块体（图46），这会进一步降低地壳的强度，进而形成

图46
爱达荷州河谷郡，卡斯卡德断块盆地南部佩埃特河的北部支流多变的河道（照片由美国地质调查局D.L.施密特提供)

更多的断层。下落的断层块体通常与地壳上升有关，产生山脊滑坡和深沟。不是所有的断层都是直立的，当地壳受到挤压或板块发生相互剪切作用，就会形成断层，许多断层就是受到水平作用力后形成的。地壳沿着断层运动导致地震的发生，这会使得地壳发生破裂或使得地貌发生改变。

构造作用

　　地球的外壳受到八种主要的板块运动还有几种次要的板块运动作用，这是地表发生构造活动的原因。板块由岩石圈、地幔的刚性外壳和上覆的陆地和洋壳组成。因为陆壳由较轻的物质组成，因此留在上面，并不断结合其他块体逐渐地生长。洋壳相反，组成物质较重，因此会沿着海沟俯冲到地幔中，发生重融并进入持续的循环中。

　　扩张脊是板块的边界，在扩张脊生成新的洋壳，洋壳沿着海沟俯冲进入地幔并销毁，板块沿着转换断层相互运动。板块驼着大陆漂浮在软流圈上，软流圈是岩石圈下部发生液化的上地幔圈层。如果两个板块相撞，在陆地上会形成山脊，在海洋中则形成火山岛弧。当洋壳俯冲到陆壳之下，会形成蜿蜒的山脊和火山链，如南美的安第斯山和北西太平洋上的以喷发猛烈闻名的卡斯卡底斯火山（图47）。

　　板块的裂解产生新的陆地和海洋，这一裂解和闭合的过程已经一直持续了至少27亿年了。

　　大西洋中脊是著名的海底山脊，沿着大西洋中部延伸，超过阿尔卑斯山和喜马拉雅山脉长度的总和。大西洋中脊是全球扩张脊的一部分，全球扩张脊沿着洋底延伸超过40万英里（约64万千米），就像是网球上的缝合

图47
1980年5月18日圣海伦斯火山在强喷发时期的喷发云（照片由美国国家森林局A.泊斯特提供）

线。深海沟代表地壳的巨大裂隙，切割了洋底的中部，是地球上最长、最深的裂谷。

大西洋中脊是地震和火山异常活动的中心，也是地球内部高热流值的中心。地幔熔融的熔浆穿过岩石圈上升，在洋底喷发，在洋中脊两侧生成新的洋壳。同时上升的岩浆将岩石圈板块推开，岩石圈上面驮着大西洋周围的陆地。

随着大西洋洋盆变宽，以每年1英寸（约2.54厘米，就像指甲生长的速度那么快）的速率将大西洋周围的陆地分开。扩张的大西洋洋底挤压太平洋洋底，形成更大的空间。太平洋盆被俯冲带包围（图48），这些俯冲带吃掉了海洋板块，这就是为什么大部分地质活动围绕着太平洋分布。如果将这些俯冲带首尾相连，所有的俯冲带就会在世界范围内向所有的方向延伸。

岩石圈俯冲进入地幔对全球构造起到了至关重要的作用，还可以解释地球表面形状的地质过程。俯冲带中朝向海洋的一侧区域以极深的海沟为标志，这些海沟在大陆的边缘或沿着火山岛弧发育。主要的山系和大部分的火山、地震都和岩石圈板块的俯冲有关。当板块变厚、密度增加，浮力就会慢慢消失，也就不能留在上面而沉入地幔中，形成以海沟为标志的长线状的俯

图48

大洋表面地形地貌图，显示了洋底的特征，包括洋中脊和海沟（照片由美国宇宙航天局提供）

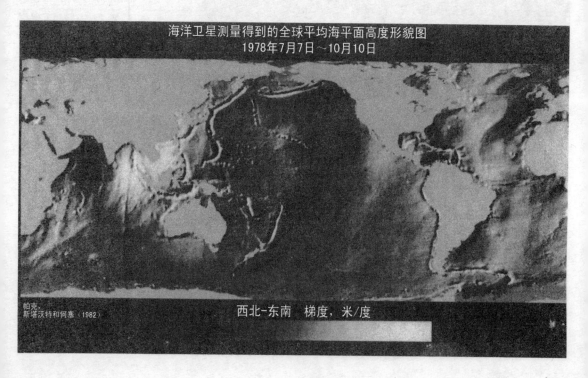

海洋卫星测量得到的全球平均海平面高度形貌图
1978年7月7日～10月10日

帕克，
斯塔沃特和何塞（1982）

西北-东南　梯度，米/度

冲带。下沉的板块也是板块漂移的主要推动力，俯冲带的下拉力加上扩张脊的推力共同作用使得大陆发生运动。

洋壳由源于扩张脊的玄武岩和源于陆地的沉积物组成。洋壳沿着下面的岩石圈俯冲进地幔中后，发生熔融并上升到地表，当岩浆到达陆地地壳的下部后就形成火山和岩浆作用的源区物质。岩浆在洋底喷发形成火山岛链，以这种方式，板块构造持续不断地改变着地球的面貌。

造山运动

山脉属于高地貌地区，是周围平原上突然高出的部分。大陆板块的碰撞造成褶皱山系，形成高度变形的岩石，这些岩石构成山系的核部。当板块运动推动一个板块的地壳到另一个板块的地壳之上就会形成许多山脉。许多山峰类似于怀俄明州温德河山脉，下部是平缓断层，表明水平挤压是造山形成的主要原因，而不是垂直上升。

较轻的地壳岩石根部将山体就像冰川一样浮升，也能形成山脉。如果下伏的岩石圈从地壳上垮塌，被从地幔上来的热岩石替代，就会产生更大的浮力，促使山脉进一步隆升。相对较冷的岩石沉降数百英里进入地幔，这一过程明显早于造山过程。2.5英里（约4千米）高的内华达州齿状山脊就是一个很好的例子，在过去的1,000万年的时间内隆升了7,000英尺（约2,100米），而在周围地区7,000万年的时间内并没有任何板块俯冲作用。

数千英尺的沉积物沿着大陆板块边缘向海的一侧在海沟内沉积下来，不断增加的质量压在洋壳之上。当陆壳和洋壳聚合的时候，较重的洋壳就俯冲到较轻的陆壳之下，或将陆壳驮在上面，使得洋壳更加向下运动。两个板块的沉积层受到挤压，陆壳的主要边缘发生膨胀。洋壳向下沉的时候，最上层的沉积物被刮下来贴合到膨胀的陆壳上面，这一过程与南美洲安第斯山的形成过程类似。陆壳最深的部分压力和温度都很高，岩石部分熔融并且发生变质，形成的岩浆就为火山和其他岩浆活动提供新的物质。

岩浆侵出到地球的表面形成火山结构，如宽广的高原和山脉。卡斯卡德火山山脉就是由于胡安·德富卡板块沿着卡斯卡德俯冲带向美国西北部下面俯冲形成的（图49）。

当板块俯冲进入地幔发生熔融之后，对火山下面的岩浆房进行熔浆补给。除了为一串贪婪的火山补充岩浆之外，俯冲板块还会使所在区域形成异

图49
华盛顿州皮尔斯郡卡斯卡德山脉中的降雨山（照片由美国地质调查局B.威利斯提供）

常强烈的潜在地震。

　　山脉下面的大陆根部可能向下延伸100英里（约160千米）或更多，到达地幔的上部。由于板块构造引起碰撞，大陆会将下面活动的部分地幔岩石稳定住，这样大陆就可以带着这些化学成分截然不同的厚层地幔岩石漂移了。大陆碰撞将一个板块挤压成较厚的板块，就形成了山根。最强烈的大陆碰撞要数4,500万年前印度板块和欧亚板块的碰撞，欧亚板块在这一过程中缩短了近1000英里（约1，600千米），造成了喜马拉雅山脉和青藏高原的隆升，这是世界上最高的山脉和世界上最大的高原。

地层的褶皱

在板块构造理论引入之前，山脉如何形成在很大程度上依然是一个谜。地质学家一般认为山脉形成于地球历史的早期，熔融的地壳凝固并像一个烤苹果一样起皱纹。但是在对山脉进行了广泛的研究之后，地质学家们不得不承认岩层的褶皱强烈得多（图50），这需要更快的冷却和收缩。此外，如果山脉形成于这种方式，山脉将平均地遍布全球，而不是集中在几个山链中。

大多数山产生于山脉中，虽然有一些孤立的山峰存在但是非常稀少。山体具有因褶皱、断层、火山活动、岩浆侵入以及变质作用形成的复杂的内部结构，这些地质作用提供了在浅部岩石形成褶皱和断层的必需的作用力，并提供在深部剧烈地扭曲岩石的压力。

水、风和冰逐渐消除了曾经壮丽的山脉。然而，侵蚀并不擦去所有的痕迹，往往是在稀松平常的地貌之下存留着古代山脉的根。切穿基岩的大型断层和褶皱埋藏在深部，暗示了很久以前构造作用挤压地壳使得山脉生长。相似的褶皱和断层形成了大多数现代山脉（如落基山脉和喜马拉雅山脉）的山

图50
德克萨斯州哈得斯佩斯郡马隆山脉东北面产在向斜中的塔塞组灰岩地层（照片由美国地质调查局C.C.阿布里顿提供）

根。佛蒙特州仍然保存着古老山脉的根部。4亿年之前，当原始北美和非洲大陆碰撞的时候，山根受到挤压并向上抬升。

新形成的山系发生挤压、加热、岩石变质所需的时间仍不清楚，然而根据放射性同位素分析，山脉褶皱的过程很明显发生在大约数百万年内。陆地发生碰撞之后，地壳发生褶皱，并在碰撞带隆起山脉。大陆块体的缝合带保留了古老山脉的变质核部，称为造山带，源于希腊语，意思是″山脉″。许多当今的褶皱山系受到古生代大陆碰撞的影响被抬升，在世界范围内大陆碰撞造成岩石大量的隆升，形成多条造山带。

北美和非洲在晚古生代时期形成联合古陆的时候，相互碰撞形成阿巴拉契亚山脉（图51）。阿巴拉契亚山脉南部覆盖着10英里（约16千米）厚的沉积物和变质岩，基本上没有受到变形，而表面的岩石因为受到逆冲断层的影响发生强烈变形。两个大陆碰撞的位置是古大西洋，原来叫做亚皮特斯海，受到挤压之后变得完全干涸。

大约5,000万年之前，位于非洲和欧亚之间的特提斯海由于两个陆块的碰撞变窄，在2,000万年之前完全闭合。就像在光滑的地板上抛过一个毯子，地壳会发生强烈的褶皱。在大陆的南部和北部，在海底沉积了千万年的

图51
北卡莱罗纳州莫肯郡，阿巴拉契亚山脉的蓝脊悬崖（照片由美国地质调查局A.吉斯提供）

厚层沉积物被挤压成长长的山脊。两个大陆板块的地壳都向上弯曲，形成山脊的中央部分。

阿尔卑斯山的形成过程与喜马拉雅山类似，当欧亚板块和非洲板块相互靠近的时候，非洲板块的意大利分支向欧亚板块俯冲就形成了阿尔卑斯山。白云岩的景象真是令人流连，一排锯齿状的山峰都是由白云石组成的，占到世界上沉积岩的10%左右。白云岩的形成是由于镁替代了灰岩中一部分的钙，从而使岩石变得异常坚固。

在远离碰撞带的内陆也可能发生额外的挤压和变形作用，形成高原和火山，像青藏高原一样的宽广，平均海拔在3英里（约5千米）以上。印度板块和欧亚板块碰撞形成世界上最高的山脉，山脉隆升的应力诱发了整个板块的变形和地震。目前印度仍然以每年2英寸（约5.1厘米）的速度向亚洲前进，随着抵抗力的不断增长，板块的聚合最终会停止，山脉也就停止隆升，那时剥蚀作用就会占上风。

断层类型

根据断层面一侧的岩石相对于另一侧岩石的关系可以对断层进行分类（图52）。

沿着断层发生垂直位移是断层最常见的形式，断层一侧的位置高于另一侧。如果地壳被水平拉分，断层一侧就会沿着陡倾面相对于另一侧向下滑动，这中断层称为重力断层或正断层，"正断层"的说法是一个字面错误，因为以前总认为这种断层是正常的断层。

实际上，多数断层是由挤压作用力产生的，形成逆断层。逆断层是与正断层相反，断层的一侧沿着垂直或倾斜的断面被推到另一侧之上。1964年阿拉斯加大地震形成多达50英尺（约15米）的垂直位移，在断层带形成一条巨大的悬崖。如果逆断层面近于平缓，并且主要发生长距离的水平运动，就会形成逆冲断层（图53）。

当高度挤压的板块发生剪切时，一部分被抬到另一部分之上就形成逆冲断层，从加拿大到亚利桑那的冲断带就属于这一类断层。

如果在地震期间深断层没有破坏地壳表面，就很可能是隐伏的低角度逆冲断层引起的地震。1983年5月2日科林加6.7级地震几乎将这个城镇夷为平地。很明显地震发生在一条逆冲断层上，因为地表没有发生破裂，震级一

图52
断层类型：1.正断层，2.逆断层，3.斜断层，4.走滑断层

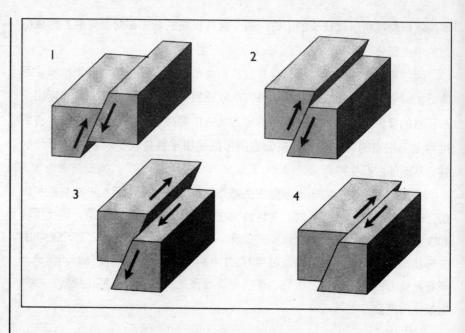

般应该大于6.0级。1987年10月1日袭击加州惠蒂尔地区的地震稍微小于6.0级。虽然断层没有破坏地表，但破坏力仍然相当大，这个镇外面的山升高了近2英寸（约5.1厘米）。

图53
冰河纪国家公园南端的刘易斯逆冲断层（照片由美国地质调查局M.R.马奇提供）

在测量到相同震级的情况下，逆冲断层会比走滑断层带来更大的破坏。走滑断层对建筑物造成前后摆动，钢铁的韧性结构可以吸收掉大部分的作用力。另一方面，逆冲断层会将建筑物一次突然抬高或降低数英寸的高度，剧烈的作用力可导致设计良好的建筑结构发生倒塌。

一些断层既不是水平的也不是垂直的，而是由复杂的斜向运动组成的。如果断层既有水平运动又有垂直运动，就会形成复杂断层系统，称为斜断层或剪断层。犹他州温塔山脉北侧的温塔大断裂就是这种类型的断层（图54）。1989年发生在加州洛马普里达的地震造成圣安德列斯断裂发生25英里（约40千米）长的破裂（图55）。断裂沿着斜面向上扩散，形成右斜的逆断层。这次地震将断层南西侧部分抬高了3英尺（约1米）多，这也促进了撒旦克鲁兹山脉不断地隆升。

图54
犹他州达吉特郡，站在位于温塔山脉的熊山上向西看到的温塔断裂景象（照片由美国地质调查局W.R.翰森提供）

地垒与地堑

如果较大的地壳块体被逆向断层包围，在几乎不发生倾斜的情况下上升，就会形成长长的山脊状构造，称为地垒，源于德语，意思是"山脊"（图56）。

亚利桑那中部杰罗姆附近的黑山就是由地垒形成的，东面和西面都是正断层。黑山由1500英尺（约460米）的水平沉积层组成，这层沉积层盖到前寒武纪花岗岩上。地垒东面的边界是沃德断层，地层断距达1500英尺（约460米），西面是克尤特断层，向西陡倾。

如果地壳断块被正断层包围，并向下陷落，就形成槽状长长的构造，称为地堑，源于德语，意思是"壕沟"。地堑的长度通常远远大于它的宽度，例如德国沿着莱茵河谷的莱茵地堑有180英里（约290千米）长，只有25英里（约40千米）左右宽。一些地堑在地表是线状的构造凹陷，一侧的高地通常由地垒组成。有时地堑被深埋在地下，发现它们的唯一方式是穿过这一地区打一系列勘探钻孔。

地垒和地堑通常相互联系，形成平行的山系和深谷，如东非大裂谷、德国莱茵河谷和美国西南向北延伸穿过新墨西哥中部到科罗拉多的格兰德河谷（图57）。非洲裂谷是一个复杂的系统，包括相互平行的地垒—地堑、倾斜的断块，断块的边界断层具有网状的裂隙，可向上延伸8,000英尺（约2,400米）。东面的裂谷带位于维多利亚湖东面，从莫桑比克到红海，延伸3,000英里（约4,800千米）。西裂谷带位于维多利亚湖西侧，延伸达1,000英里（约1,600千米）。维多利亚湖北部的裂谷充满水后形成坦噶尼喀湖，是世界上第二大湖泊。俄罗斯的贝加尔湖有6,000英尺（约1,800米）深，是世界上最深的湖泊，贝加尔湖是贝加尔裂谷灌满水的产物，与东非裂谷相似。

北美的盆岭省由无数的被高角度正断层包围的断块山脊组成，这一地区

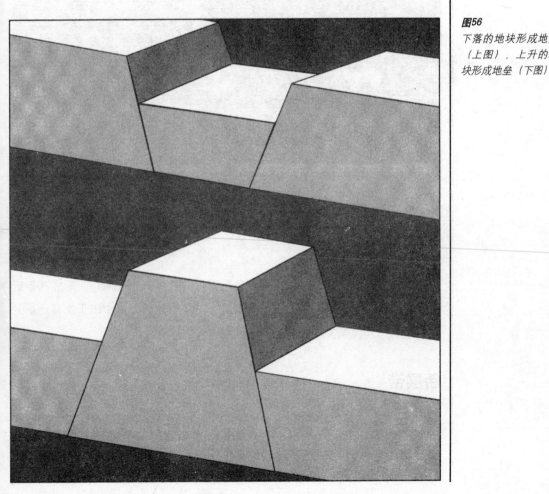

图56
下落的地块形成地堑（上图），上升的地块形成地垒（下图）

图57
新墨西哥州，伯纳利欧郡，格兰德裂谷东部边界的曼扎诺山（照片来源于美国地质调查局地震信息通报）

的地壳破碎成数百块，倾斜并高出盆地近1英里（约1.6千米），形成20条近平行的山脊，长达50英里（约80千米）。从严格意义上讲，由于发育一系列的断块，地壳强度受到削弱，因此这一地区被拉分开来。

断层带

绝大多数地震集中在环绕全球的几个狭窄的地带。地震活动最强烈的地区位于岩石圈板块的边界，尤其与深海沟和火山岛弧有关，洋壳俯冲到陆壳之下。沿着太平洋外带释放出最大的地震能量，称为环太平洋带。

环太平洋带是包围太平洋的俯冲带，与"火环"相对应，太平洋的边缘分布着世界上大多数的火山活动。在西太平洋，环太平洋带包含有沿着俯冲带边缘的火山岛弧，可产生世界上最大的地震（图58）。在环太平洋带的东半边，中南美洲的安第斯山地区，尤其是智利和秘鲁，以巨大而又致命的地震为世人所共知。在20世纪，大约24次7.5级或更大的地震发生在中南美洲，1960年智利发生9.5级地震，是世界上有记录的最大的地震。

整个南美洲的西海岸受到远离海岸的巨大俯冲带的影响。南美洲下面的岩石圈板块对纳兹卡板块产生作用力，使纳兹卡板块向下发生挠曲，在地壳深部产生巨大的张力。一些岩石受到向下的作用力，另一些岩石则被推到地表，隆起安第斯山脉。后续的作用力在整个地区产生巨大的压力，当应变太大之后，在海岸地区就会发生地震。

另一条纵贯褶皱山系的主要地震带是环地中海带（图59），从伊朗经过喜马拉雅到达中国。在喜马拉雅山系东端是世界上地震最频繁的地区，从

图58
1990年10月地震发生之后，营救人员正在调查菲律宾的基督学院的破坏情况（照片由美国海军约瑟夫·兰开斯特提供）

图59
非洲板块和欧亚板块碰撞带上，由地壳挤压导致的褶皱活动带

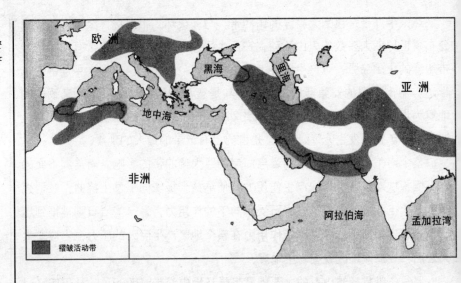

褶皱活动带

西藏延伸到中国大部有一条巨大的地震带，长约2，500英里（约4，000千米）。在西面，阿富汗北部的印度库什地区和塔吉克斯坦附近曾经遭受过许多次地震。从那时开始，波斯湾从帕米尔经过高加索山到土耳其发生扩张，这一带在1999年8月17日受到了7.4级的地震的摇晃，造成工业中心地区17，000人丧生。地中海东端是碰撞板块的活动带，也是强震区。

地震断层

　　一直到1906年旧金山地震，地震的机制一直没有认识清楚。沿着圣安德列斯几百英里，穿过断裂的围墙和公路发生位移达21英尺（约6.4米）。圣安德列斯断裂是650英里（约1，050千米）长、20英里（约32千米）深的裂带，从墨西哥边界向北一直穿过南加利福尼亚，代表了北美和太平洋板块分离的区域（图60）。

　　在旧金山地震期间，太平洋板块经过北美板块突然向北滑动，在地震之前50年内，地质调查表明沿着断裂发生10英尺（约3米）的位移。构造作用力慢慢地引起两边地壳岩石的形变，并发生大规模的位移。同时，岩石弯曲并积蓄弹性能量，最终超出了支撑岩石的作用力，在最薄弱的部位发生破裂。

　　圣安德列斯断裂系统是世界上最好的研究对象，它覆盖加州大部区域，

将加州的南西部分和北美大陆分离。圣安德列斯是一条走滑断裂带,断裂西部的加州地区与下覆的岩石圈板块一起以每年约2英寸(约5.1厘米)的速率经过大陆板块向北西方向滑动。

两个板块的相对运动称为右行或右旋运动,因为观察者站在断裂的一侧可以看到另一侧向右运动。如果两个板块相互平稳地滑动,加州就不会太受地震困扰。很不幸,板块趋向于突然碰撞,尤其在断裂南端和断裂北部的称为“大转弯”的地区。当板块试图拆分的时候,穿过整个陆地就会发生地震。1906年旧金山和1989年洛马普丽达地震都发生在圣安德列斯断裂的一个部分,此部分穿过圣克鲁斯山脉。由于这条不安分的断裂,在这些大地震之

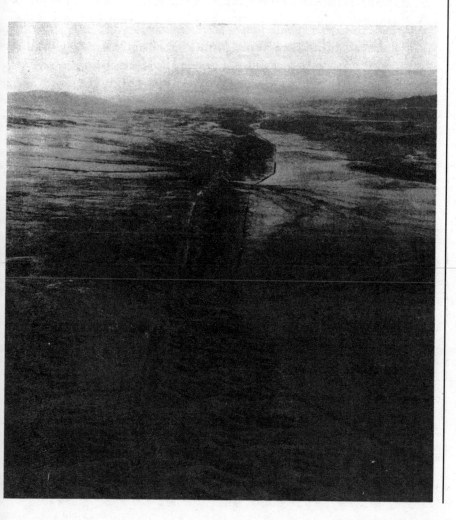

图60
加州,圣刘易斯欧比斯波郡,卡里泽平原上,沿着埃尔克霍恩悬崖的圣安德列斯断裂(照片由美国地质调查局R.E. 华莱士提供)

后一年之内，很可能发生数次余震。

如果加州被重建成3,000万年前的样子，东太平洋向北部延伸，首次挡住北美大陆，圣安德列斯断层西部的部分原来应该位于墨西哥边界的南部。如果这种运动再持续3,000万年，加州南西部将位于加拿大边界的南端，然而不会有灾难性的地震将加州南部冲进海里去。相反它会积蓄慢慢北移，在5,000万年之内，加州下面的板块将消失在阿留申海沟下面，地壳会与阿拉斯加对在一起。

沿着圣安德列斯的附属断层包括许多平行断层（图61），包括穿过旧金山郊区的黑沃德断层、纽泡特—英格伍德断层和大量的转换断层。迦洛克断层是一条东西延伸的断层，沿着这条断层发生左行运动或左旋运动，并伴随圣安德列斯的右行运动共同引起南部的莫哈韦沙漠相对于加州向东运动。莫哈韦断裂和附近的死亡谷吸收了太平洋和北美走滑运动的10%。与这些断裂有关的复杂的地壳运动可以解释许多加州的构造和地质特征，如内华达山脉和海岸山脉。此外，许多困扰加州的地震都是由这些断裂引起的。

在地质历史上，并不是所有的圣安德列斯断裂都发生了破裂，一些断裂暴露到地表，其他一些则被掩埋到地下深部，沿着圣安德列斯压力随深度增加而增加。1983年位于地表下约6英里（约10千米）的冲断断层在加州的克林加地区发生破坏性地震。与圣安德列斯有关的冲断断层在地表表现为一系列活动褶皱，这些冲断断层在走滑断层末端发育，当两个块体间相对运动的时候，一个块体经过断层的末端向前推，并向上沿着坡面滑动。同时被拉动的地壳块体可能沿着正断层向下滑动。

暴露到地表的断层通常有着发育垂直的深裂隙，这是地壳板块向不同方向运动造成的。然而不是所有有地震发生的断裂都暴露到地表，加州最小的地震并没有造成地表的破裂。许多与地表断裂没有关系的地震发生在褶皱下面，是持续地震的产物。此外褶皱有时在大地震期间生长得相当快。例如，有条断裂认为与1980年发生在阿尔及利亚阿斯南的地震有关，一条跟断裂有关的背斜（上升的地层）在地震之后上升了超过15英尺（约4.5米）。

苏格兰大峡谷断裂是与圣安德列斯断裂相似的断裂系统，这条断层从一侧海岸穿到另一侧海岸，导致北部高地与南部低地发生左行或左旋的滑动，从古生代开始已经移动了60英里（约96千米）。1英里（约1.6千米）宽的破碎和剪切的岩石是这条断裂存在的标志。沿着断裂还发育一连串很深的湖泊，包括因神秘怪物闻名的尼斯湖。

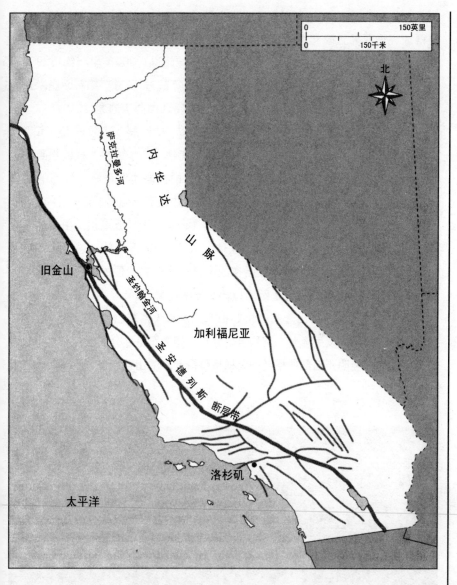

图61
圣安德列斯和相关断
层

与圣安德列斯断裂相似的另一个断裂系统是600英里（约960千米）长的红河断裂，从西藏延伸到中国南海。印度和亚洲在大约4,500万年前碰撞的时候，断层使得印度支那相对于中国南部地区向南东滑动，这一过程称为大陆逃逸。当印度持续向亚洲挤压，将印度支那向东推动了至少300英里（约480千米），使得这一地区离开海洋环境，重新调整了南亚的整个面貌。印度支那向边部逃逸对打开一个新的洋盆并形成中国南海起到了一定的作用。

　　大约2,000万年前这条断裂阻止了大陆的逃逸，这增加了对亚洲的压力，使得地壳增厚并且隆起喜马拉雅山脉和青藏高原。另一条相当大的走滑断裂称为阿尔泰塔格断裂，沿着西藏北东边界延伸超过1,200英里（约1,900千米）。这条断裂滑动的速率很高，经过测量每年超过1英寸（约2.54厘米）。当印度持续向亚洲挤压的时候，这条断裂也使得西藏向东逃逸。

　　除了圣安德列斯断裂，美国有许多相互交叉的断裂，多数与山脉有关。许多州位于中高度的地震危险带。俄勒冈州南部、内华达州、犹他州西部、加州南东、亚利桑那和新墨西哥州的盆岭省由被高角度正断层包围的断块山系组成。这一地区的地壳破碎成数百块，并且高出盆地1英里（约1.6千米），形成近平行的山系，延伸达50英里（约80千米）或更长。由于地壳变薄弱，这一地区被分割成许多下陷块体。大约1,500万年前，这一地区是内华达州的里诺和犹他州的盐湖城所在的位置，比现在的位置靠近200到300英里（约320～480千米），这是因为拉伸造成的结果。

　　和中南美洲安第斯山隆起的机制相似，加拿大落基山受到同样的板块碰撞上冲机制的影响发生隆升，沉积岩部分与下覆岩石基底分离，并向东冲到岩层的顶部。怀俄明州西部的格兰德大梯顿是最壮观的山系之一（图62），沿着

图62
怀俄明州大梯顿郡格兰德大梯顿山系中的莫兰山（图片由国家公园局乔治·格兰特提供）

东侧向上断裂并沿着西侧向下断裂。北中部的犹他州和爱达荷州南部的沃萨奇山系是南北走向的一系列正断层，一个在另一个之下，延伸80英里（约130千米），沿着西侧具有网状裂隙，延伸约18,000英尺（约5,500米）。

密西西比河和俄亥俄河谷的上部遭受频繁的地震，北东向的新马德里断裂和相关断裂是形成主要地震和许多震动的原因。受到褶皱、断层、沉积物向上挠曲等作用形成了阿巴拉契亚山脉，是过去和现在都在发生地震的区域。沿着东海岸，从殖民时期开始一些重要的地震袭击了波士顿、纽约、查尔斯顿和其他地区。

地震

到目前为止，地震是地球上最具摧毁力的短时自然力。地震造成的破坏广泛分布，影响了成千上万平方英里的地区。地震可以使整个城市消失，也可以彻底改变受到影响地区的地貌。地震可以形成陡峭的悬崖（图63），导致大规模的滑坡，滑落大块的土块。每年发生成百上千次地震（表7），幸运的是只有少数地震具有破坏性。在20世纪期间，世界范围内每年平均发生7.0或更高级别的地震18次，但在20世纪的最后25年这么大的地震每年只发生12次。对于8.0级以上的地震，20世纪内每10年平均发生10次。然而大地震的数量呈现明显上升的趋势。

地表垂直和水平的位移表明地壳不时地在调整当中，这些活动常常与大断裂有关。沿着主断裂发生突然的断裂会产生极大的地震，有时在短短的几秒钟内发生数英尺的位移。许多断裂与板块的边界有关，板块相互剪切或相对碰撞，许多地震在这一区域内发生。

板块相互作用的地方，板块边部的岩石发生拉伸和变形。这种相互作用可以发生在地表附近，地震发生的地方，或也可以发生在地下数百英里的地方，在这里板块俯冲到另一个板块之下。一些断裂发生在地表之下很深的位置，以至于在地表没有反映。地震还与火山喷发有关，但与断裂造成的地震没有什么可比性。奇怪的是在南极洲和格陵兰没有显著的地震发生，可能是由于巨大的冰碛起到稳固的作用，抑制了断裂滑动。

科学家可以在一段时期内基于地震积累的位移总量来估算构造板块边界相互移动的速率。通过对比得出的速率与单个地震的级别、地质、测量数据

图63
蒙大拿州加勒廷郡1959年8月蒙大拿地震期间形成的红谷断崖（照片由美国地质调查局J.R. 丝塔西提供）

得出的速率，科学家们可以判断多大的板块相对运动可以导致地震的发生，多大的相对位移可以导致无地震滑动，这种滑动不会伴有地震的发生。

在一些地区，如智利，以曾经发生过许多世界上最大的地震而闻名，所有板块之间的运动很明显是由地震滑动单独引起的。1960年智利大地震是20世纪最大的地震，发生在贯穿智利南部俯冲带的600英里（约960千米）长的

表7 地震参数总结

震级	地表地震波高度（英尺：1英尺≈0.3米）	受影响断裂的长度（英里：1英里≈1.6千米）	有震感地区的直径（英里：1英里≈1.6千米）	每年地震的数量
9	曾经有记录的最强地震的震级在8～9级间			
8	300	500	750	1.5
7	30	25	500	15
6	3	5	280	150
5	0.3	1.9	190	1,500
4	0.03	0.8	100	15,000
3	0.003	0.3	20	150,000

断裂带上。通常断层发生破裂的长度越长，地震就越大。

地震也发生在所谓的稳定区，但是不如板块边缘发生的频繁。稳定区通常与地盾有关，由大陆内部的古老花岗岩组成，这些花岗岩占大陆地壳的近2/3。当地震在这一地区发生时，可能是由于板块边界的作用力导致地壳强度变弱造成的。

下覆地壳也可能由于早期构造活动而变得脆弱，包括古断裂和古造山带。扩张中心没有完全发育就形成夭折的裂谷系统，美国中部新马德里的断裂可能就是这种成因，在1811～1812年之间就诱发了三次非常大的地震。此外刚性的板块内部传递地震波的效率相对于板块边缘遭破坏的地壳传递地震波的效率要高得多，因此在这一地区地震可以在很广的范围内感受得到。例如在新马德里地震可以波及波士顿，因摇晃敲响了教堂的钟声。

与地表断裂无关的地震发生在褶皱下部，没有引起地球表面的破裂。这些地震在世界主要的褶皱带都有发生，这些褶皱带发育隆起的山脉，就像地中海边缘的山脉。在20世纪期间，大规模的褶皱地震曾在日本、阿根廷、新西兰、伊朗和巴基斯坦发生过。许多地震都发生在年轻的背斜之下，倒转的地层年代不到数百万年，因为褶皱实际上是持续地震的产物而不是之前认为的缓慢褶皱的产物。

在讨论了地表的褶皱和断层之后，下一章将介绍塑造地球面貌的不同类型的火山活动。

5

岩浆活动

火山岩与花岗岩

本章主要介绍火山活动和其他类型的岩浆活动。地球上出现最早的岩石是火成岩，它们形成于来自地球深部的熔融岩浆。当地壳岩石在俯冲带插入地幔，它们会熔融形成新的岩浆。地幔在拉张的洋脊处从软流圈上涌，或者在热点处从地幔深部上涌。岩浆缓慢上升直到地表，形成所有火山活动和花岗岩浆活动。

这种岩浆活动持续不断地增加新的岩石物质，建造了地球上的大陆。因此地球上的地壳持续不断地得到更新，但是浮着岩石的物质总量保存下来。洋底新增加的玄武岩导致洋壳的增长。岩石圈板块驮着大陆地壳和大洋地壳移动，形成了塑造地球的地质作用力。

熔融岩浆

岩石圈板块在地球表面的位移使得新地壳不断增生。板片俯冲形成的洋底海沟积累了大量深海沉积物，大多来源于相邻的大陆。大陆架和大陆坡覆盖着从大陆冲下的巨厚沉积物。如果这些沉积物被带入地幔，它们熔融形成小型的底辟。底辟上升至地表形成岩浆体，形成新的火成活动的源区（图64）。

俯冲带以火山活动著称（表8），构造出了大陆火山链和岛弧。这些火山活动形成一种细粒、灰色的岩石，即安山岩，以南美洲的安第斯山脉命名。安山岩与大洋中脊上涌的玄武质岩浆在组分和结构上有很大不同。它的硅含量比较高，这显示它来源于地球深处，可能来源于地表以下70英里（约

图64
海底扩张和洋壳俯冲形成新的地壳

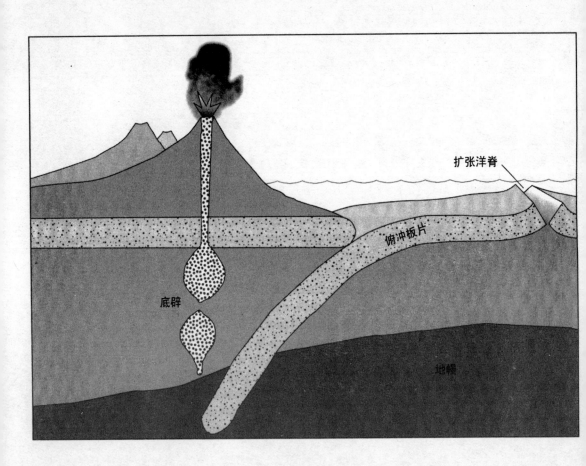

表8　不同类型火山的比较

特征	俯冲带	裂谷带	热点
位置	深部洋底海沟	大洋中脊	板块内部
活火山所占比例	80％	15％	5％
地形	山脉岛弧	海底洋脊	山脉间歇泉
举例	安第斯山	亚述尔群岛	夏威夷群岛
	日本岛	冰岛	黄石
热源	板块摩擦	对流流体	地核上升的热量
岩浆温度	低	高	低
岩浆黏度	高	低	低
挥发分含量	高	低	低
硅含量	高	低	低
喷发类型	爆炸型	溢流型	两者兼有
火山喷发产物	火山碎屑	熔岩	两者兼有
岩石类型	流纹岩	玄武岩	玄武岩
	安山岩		
火山锥类型	复合体	火山渣裂隙	火山渣盾

110千米）的地方。

　　俯冲板片顶部的剪切运动产生热量，俯冲洋壳的熔融部分形成岩浆。在俯冲洋壳板片和大陆板片之间软流圈地幔楔的对流运动促使物质上涌，随着压力降低，物质发生熔融。

　　海沟是板块俯冲进入地幔的地方，温度较低密度较大的岩石圈的俯冲会形成低的热流值和高重力值。大量的火山活动使得相关的岛弧成为高热流值、低重力值的区域。由于深源岩浆上涌，岛弧后的弧后盆地也是高热流值的地区。

　　大约80％的洋底火山活动沿扩张的洋脊分布，岩浆从地幔涌出并喷涌至洋底。通过岩浆固化稳定增生到板块边部，扩张的地壳逐渐增长。每年通过这种方式产生将形成超过1平方英里（约2.6平方千米）体积多达约5立方英里（约21立方千米）的新玄武岩洋壳。

　　岩浆沿着地幔缓慢地渗出，因此海底扩张经常被形容成一条永不痊愈的伤口。但是在某些时候有大量的岩浆流喷发到洋底，这些新的玄武岩足以将美国所有的州际公路铺上10遍以上。岩浆也可以从成为海山（在板块内部排列成链状）的单独火山喷发出来。在太平洋底有超过10,000座海山从海底拔地而起，但是其中只有一部分，比如夏威夷岛和其他岛屿，能够穿过太平洋深深的海水跃出海平面。

喷发到地表的地幔物质是黑色玄武岩，富含铁和镁的硅酸盐。世界上600座活火山大部分是全部或者主要由玄武岩组成的。形成玄武岩的岩浆来源于位于地表60多千米以下上地幔的一个部分熔融区域。在此深度部分熔融的岩石比周围地幔物质的密度低一些。随着岩浆上涌，压力降低，因此更多的地幔物质熔融。易挥发成分（比如溶解在岩浆中的水和气体）使岩浆更容易流动。

上升的岩浆形成浅部的岩浆储库或者补给岩筒，岩浆储库和补给岩筒是火山活动的直接来源。最接近地表的岩浆房位于扩张的洋脊处，那里的地壳只有6英里（约10千米）厚或更少。在高速的洋脊处岩石圈以很高的速率增长，下面存在着大型岩浆房，比如太平洋洋中脊下的岩浆房。而在缓慢扩张的洋脊下面则存在小型的岩浆房，比如大西洋中的岩浆房。随着注满岩浆的岩浆房膨胀并开始扩张，融熔岩石产生的浮力把扩张洋脊的顶部推开。

岩浆以狭窄的羽毛状上升，沿着扩展的洋脊快速生长，它的上升是板块分离的结果，有点像从一个高压锅上把盖子取下来。但是，只有地幔柱的中心拥有足够的热量能够一直上涌到地表。如果整个地幔柱喷发，它能够形成好几英里高的大火山。不是所有的岩浆都会被挤压到洋底。有一些岩浆在岩浆房上部的通道里固结，形成巨大的直立岩席，称为岩墙，就像是直立的一副牌。

不同成分的岩浆显示了物质来源以及地幔中岩浆起源的深度。地幔岩石的部分熔融程度和部分结晶使得熔体富硅，地幔中多种地壳岩石的同化作用影响岩浆的最终组分。当岩浆喷发上涌至地表，它与沿途多种岩石混合从而改变其组分，这也是决定喷发类型的主要控制因素。

岩浆到达地表，会喷发出多种气体、液体和固体。火山气体大多数由水蒸气、二氧化碳、二氧化硫以及盐酸组成。气体溶解在岩浆中，随着岩浆向地表上升，压力随之下降，气体就释放出来。岩浆的组分决定了岩浆粘度和喷发类型，喷发过程是温和的还是爆炸性的。如果到达地表时岩浆流动性很强并且含有极少量溶解的气体，岩浆会像玄武质熔岩一样从火山口或裂隙流出，喷发通常相当温和，如夏威夷火山（图65）。

如果上涌至地表的岩浆含有大量溶解的气体，岩浆将突然分异成液体和气泡。随着压力的降低，气泡开始膨胀并引起爆炸，进而冲破周围流体，使岩浆破碎成碎块。膨胀的力量将这些碎块向上运移，抛出火山很远。碎块在空中冷却并固化，形成大小不一的块体，有的大到重好几吨，有的则只是细

图65
夏威夷的基拉韦亚火山喷发时产生的极高的熔岩喷泉（照片由美国地质调查局D.H.里奇特提供）

粒灰尘般大小。细粒物质被穿过喷发云的风捕获，能够运移很长距离，有时甚至能环绕地球整整一周。

火山喷发

火山喷发是地球上最壮观的地质过程，对人类有有利的一面，不过也会带来灾难。火山也是形成陆地的重要方式，产生诸如火山锥、巨量岩浆流等地质构造。有些火山破坏性极强，经常是一次喷发就能把整个城市夷平，夺走数千人的生命。火山向大气排放巨量的火山灰和气体，对气候产生重大影响。

大多数火山与地壳运动有关，并且发生在板块边缘。当一个地壳板块下插到另一板块之下，轻的岩石组分熔融成岩浆，岩浆上涌至地表产生火山活动和其他火成活动。热点的火山活动在板块内部形成一种不同类型的火山，岩浆来自地幔深部，很有可能是地核上方。

火山岛，如夏威夷岛链，是太平洋板块在热点上移动而形成，其过程如同在传送带上移动一样。因此，热点是确定板块运动方向的可靠手段。很明显夏威夷岛链所有岛屿有单一来源的岩浆组分，太平洋板块向着西北方向从岩浆源经过而形成。太平洋有着相似的岛链，走向与夏威夷岛链的方向相同，包括马歇尔—吉伯群岛和澳大利亚海山、土阿莫土海山。

大西洋西部的百慕大洋隆大致呈东北走向，平行于美国东部的大陆边缘，长大约1,000英里（约1,600千米），高出周围洋底约3,000英尺（约900米），在2,500万年前最后一个火山口停止喷发。一个微弱的热点不可能在北美洲板块上烧穿一个洞，很明显是利用了洋底的既有构造。这解释了为什么火山群的走向与板块运动的角度几乎一致。

鲍威海山是加拿大西海岸一连串西北走向的海底火山中最年轻的一座。它由一个直径约100英里（约160千米）。深度达海底以下400英里（约640千米）的地幔柱形成。但是，这个地幔柱并非像一般推测的一样位于海山底部正下方，它的位置在火山东部100英里（约160千米）处。地幔柱可能以一个倾斜的通道上升，或者海山相对于热点的位置有所移动。

在大陆上，热点留下了可识别的一串火山。其中一个热点位于黄石国家公园下面（图66），并且穿过爱达荷州的蛇曲河平原。在过去的1,500

图66
怀俄明州黄石国家公园黄石河部分的大峡谷（照片由美国地质调查局F.S.帕克提供）

年间，北美洲板块在一个热点上向西南移动，现在热点暂时在黄石下面。在过去的200万年间，在这个地区有3次主要的火山活动期。火山喷发形成了巨大的黄石火山口，约45英里（约72千米）长，25英里（约40千米）宽。它们被认为是自然界发生过的最大灾难之一，并且另一次大喷发也即将到来。

　　几乎所有的热点均位于大块地壳抬升或者近地表的地幔膨胀的区域。一半以上的热点在大陆之下。当大陆在几个热点上盘旋，融熔岩浆从深部上涌，在地壳上形成类似穹隆的结构。生长的穹隆会形成很深的裂隙，岩浆通过裂隙上涌至地表。这些穹隆大约125英里（约200千米）宽，并且形成地球上约10%陆地。非洲是热点的集中地，这也就是非洲大陆以盆地、陆隆以及抬升高低之类不寻常的地形形成的原因。

　　俯冲带火山带，如西太平洋和印度尼西亚的火山带，是世界上最具爆炸性的地区，在毁灭原来的岛屿的同时形成者新的岛屿。岩浆含有大量由水和气体组成的挥发成分，因而极具爆炸性。随着岩浆到达地表压力降低，这些挥发分爆炸性地释放出来使岩浆碎裂，并把它们像手枪中的子弹一样发射出来。

　　印度尼西亚以喷发强烈的火山著称，包括坦博拉和喀拉喀托火山，它们形成了现代历史中最剧烈的火山喷发（表9）。嘉能根在1982年的喷发和尤娜尤娜（Una Una）在1983年的喷发喷出了巨厚的火山灰，甚至造成飞机

表9　罪行昭著的10大火山

日期	火山	地区	死亡人数
公元前79年	维苏威火山	意大利，庞贝	16,000
1669	埃特纳火山	意大利，西西里	20,000
1815	坦博拉火山	印度尼西亚，松巴哇岛	12,000
1822	嘉能根火山	印度尼西亚，爪哇	4,000
1883	喀拉喀托火山	印度尼西亚，爪哇	36,000
1902	苏弗雷火山	马提尼克岛，圣文森特岛	15,000
1902	碧绿岛火山	马提尼克岛，皮埃尔岛	28,000
1902	圣玛丽亚火山	危地马拉	6,000
1919	克鲁伊特火山	印度尼西亚，爪哇	5,500
1985	内华达德鲁兹火山	哥伦比亚，阿麦罗	20,000

图67
墨西哥米却肯的帕里库廷火山1943年的喷发形成了剧烈的火山渣活动（照片由美国地质调查局W.F.弗斯哈格提供）

停飞。阿拉斯加火山由于太平洋板块在阿留申海沟俯冲，以喷发出巨量的火山灰著称，比如卡特迈火山和奥古斯丁火山。1991年6月，菲律宾皮纳杜布山的喷发有可能是20世纪最大的火山喷发，造成700人死亡，数千人无家可归。

太平洋西北部的卡斯卡德山脉由一连串喷发剧烈的火山组成，从美国加利福尼亚州北部一直延伸至加拿大。它们与北美洲板块控制的喀斯喀特俯冲带有密切联系。1980年5月18日，圣海伦斯火山喷发，其爆发式的喷发毁灭了200平方英里（约520平方千米）的国家森林，这是这些爆发式喷发的火山的一个很好的例子。20世纪最脏的火山喷发之一是墨西哥东南部的欧尔契诺火山。欧尔契诺火山从1982年3月28日开始喷发，喷发的火山灰形成的云层环绕了整个地球，这对北半球的气候产生了重大影响。10年后，皮纳图博火山产生了同样的效应。

火山有着多种多样的形状和大小。爆发式喷发形成火山渣锥，相对较矮，坡度很陡，一般低于1，000英尺（约300米）。帕里库廷火山于1943年2月20日在一片农民的田地上喷发，形成典型的火山渣锥（图67）。

火山渣锥由一层层的浮石、火山灰和其他火山碎屑堆积而成。在地球深处，黏稠的岩浆溶解有水、二氧化碳和其他气体。当这种岩浆达到地表，压力降低，气体爆炸性地释放出来，使得火山物质喷射到高空中。喷发出的碎屑既而下落到火山上，促使火山向上并向外扩张。

如果一个火山从它的中心通道只喷发玄武质岩浆，则会形成盾状火山。夏威夷的冒纳罗亚火山是世界上最大的盾状火山，形成了一个巨大的倾斜穹隆，高达海平面以上13,675英尺（约4,200米）（图68）。高度流动性的融熔岩石从火山口的凹陷处以凶猛的岩浆喷泉形式猛烈地喷射出来，或者从一个中心通道渗出来。由于岩浆在中心增加，它从各个方向流向火山的外部边缘，当冷却并凝固以后会形成一种穹隆状的构造。峰顶附近火山边部的坡度只增加几度，最高不超过10度。岩浆向外蔓延覆盖了广大的区域，多达1,000平方英里（约2,600平方千米）。

加利福尼亚北部和奥尔良有一些穹隆状的火山宽3~4英里（约4.8~6.4千米），高1,500~2,000英尺（约460~600米），比如莫诺—因尤火山口。由于岩浆过于黏稠且密度大，不能流动很远，岩浆就堆积在火山通道周围。岩浆穹隆在复合式火山口内以拱背式隆起，加利福尼亚州的莫诺穹隆和拉森峰就是很好的例子。

如果火山喷发火山渣和岩浆，就形成复合式火山，也被称为层状火山。

图68
宽广的盾状火山冒纳罗亚建造了绝大部分的夏威夷岛（照片由美国地质调查局提供）

当下面的气体压力增加，火山颈中已经固结的"塞子"被炸成碎块。这些碎块与熔融的岩浆一起被抛向空中并以火山渣和火山灰的形式掉回到火山上。火山渣曾被比较温和的喷发而来的岩浆层覆盖，形成顶部很陡以及两侧也很陡的火山锥。这些火山是世界上最高的，并经常在一次灾难性的垮塌中终结，形成一个巨大的破损火山口。火山失去支持并垮塌到部分中空的岩浆房中，大多数破火山口形成于这种方式。当火山把它上部的山峰爆炸掉，形成一个宽阔的火山口，这样也会形成破火山口。

大多数火山的顶部是坡度很陡的一个凹陷，或者叫做火山口。火山口与岩浆房通过一个管道或者火山通道连接起来。当流体的岩浆沿着这个管道向上运移，岩浆就存储在火山口中直到火山口被填满并溢出来。在火山的平静期，回流的岩浆能把火山口完全覆盖。高度黏稠的岩浆经常在火山口形成一个岩颈，能缓慢上升并形成巨大的尖顶或穹隆（图69）。岩浆通常向外喷出，使得火山口扩大很多。

裂谷火山

冰岛横跨大西洋中脊，在那里组成大西洋盆地和相邻大陆的两个板块相互分离。冰岛是大西洋中脊的一个比较大的露出海平面的火山高地，下面是一个大地幔柱或热点。一条巨大的火山裂谷在中间把这个冻结的小岛劈开，是陆地上最大的裂谷之一。一条陡峭的"V"形谷从北到南横跨冰岛。山谷被众多的火山包围，使得冰岛成为地球上火山活动最活跃的地区之一（图70）。火山活动形成大量的地热资源，给当地居民提供热源和电力。在地质历史的某个时间，冰岛将移动到岩浆源以外，火山活动会停止，整个小岛将会变成另外一块冰雪覆盖的岩石。

东非裂谷一直从莫桑比克的海滨延伸到红海，并在埃塞俄比亚分裂形成阿尔法三联点。阿尔法可能是热点加热地壳使得地壳隆起形成三联点的最好例子之一。红海和亚丁湾代表了裂谷的单个分支中的两支，裂谷的第三支进入埃塞俄比亚。在过去的2，500万～3，000万年中，阿尔法三联点一直被火山活动所加热，并一直在海洋和干旱的陆地之间转换。在非洲的一个小国家吉布可以看到一种很不寻常的现象，洋壳被挤压出来变成干旱的陆地。世界上仅有的另一个从陆地上可以观察到海底扩张的地方是冰岛。

整个非洲裂谷带是由一个张性断层形成的复杂系统，这显示大陆位于破裂的初级阶段。由于地壳之下的融熔岩浆的物质扩张，这个地区的大部分已经抬升了几千英尺。这也为沿着大裂谷分布的热泉和火山提供了热源。许多世界上最大、最古老的火山也分布在裂谷附近，包括肯尼亚山和非洲最高的山——乞力马扎罗山。

图69
圣海伦斯火山爆炸性喷发后形成的穹隆和火山口（照片由美国农业部森林管理处提供，吉姆·休斯）

火山口

　　在最近几个世纪内，美洲大陆上的最大一次火山喷发是发生在1980年5月18日的圣海伦斯火山喷发，这次火山喷发相当于400兆吨当量的原子弹爆炸。这次喷发将圣海伦斯山的顶部掀掉了1/3，形成1英里（约1.6千米）宽的火山口（图71）。另外，喷发还造成了历史上最大的雪崩，并诱发了泥石流和洪灾，洪水最后流入太平洋。这次喷发烧毁了200平方英里（约520平方千米）的森林，烧毁的木材足够建起一座相当面积的城市。

　　在过去2亿年时间内，在美国怀俄明州黄石国家公园发生过三次主要的火山活动。大约60万年前，一次巨大的火山喷发释放出250立方英里（约1，040立方千米）的火山灰和浮石，这些物质的体积是圣海伦斯山的150

图70
在冰岛韦斯文尼查港口外部，1973年5月4日的黑迈岛火山喷发阻挡了海水流入港内，海水受到熔岩流加热喷射起来（照片由美国地质调查局提供）

最初的山顶
2950 m

狗头

后形成的山顶
2549 m

福赛斯 G1

风口

森林界线

图71

华盛顿州斯卡梅尼亚郡，1980年5月18日火山喷发之后，从西北部看到的圣海伦斯火山，山尖发生了大规模的坍塌现象（照片来自美国地质调查局）

倍。火山喷发形成巨大的黄石火山口，长45英里（约72千米），宽25英里（约40千米）。这次喷发可称得上是自然界中最大的灾难之一，但是未来可能还会有大规模的灾难。

黄石是一个典型的活火山口，从1923年起，火山口底部每年向上拱起约3/4英寸。当大规模岩浆从地表数英里之下的岩浆房中喷出时会突然降低岩浆房顶部的支撑力，这会使得火山口重新活动，造成岩浆房顶部坍塌，在地表形成又深又宽的凹陷。新鲜岩浆注入岩浆房中火山口底部隆起，通常伴随着几百英尺的垂向隆升。

　　如果火山口底部大部分以每天数英尺的速度开始迅速向上拱起，在接下来的几天之内就会发生火山喷发。与所有的活火山类似，黄石火山口位于地幔柱或是地幔热点上面，地幔柱和热点可以足够大，而且持续溶解大量的岩石。根据广布的二次火山活动，如热泉等，我们可以识别出活火山口。

　　另外两次著名的火山喷发发生在美国过去100万年之间。大约100万年前，一次大规模的火山喷发形成新墨西哥州的威利斯火山口。人们通过在这个休眠火山系统热点地区打井来检测深部的热能。人们在火山侧面打了一口深约两英里（约3千米）的注入井检测到下面的温度为200摄氏度。地下水通过岩石中的空隙循环流动，带走地表之下3英里（约5千米）的岩浆房的热量，另一口回流井将热水带回地面（图72）。

图72

新墨西哥州，桑多瓦尔郡杰美高原上，在威利斯火山口上打的热流井正在喷发热汽（照片来自美国能源部）

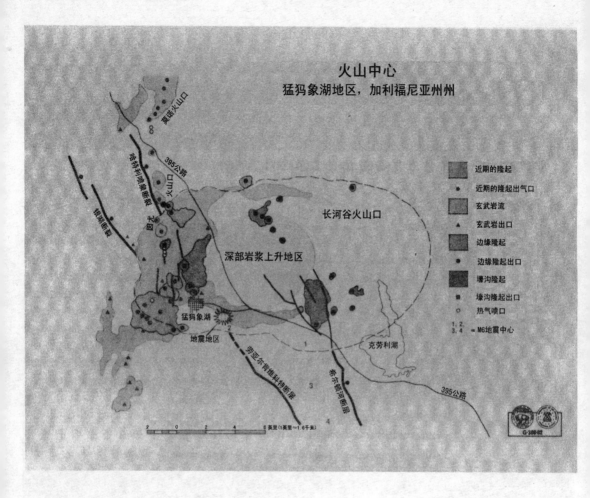

图73
加利福尼亚州莫诺郡，猛犸象湖地区长河谷火山口的地质图
（照片来自美国地质调查局）

加州的长河谷是一个两英里（约3千米）深的凹陷，形成于70万年前的一次火山喷发（图73）。火山口位于优胜美地国家公园的东面，长约20英里（约32千米），宽约10英里（约16千米）。当火山喷发时，整座山被炸碎，碎块布满了整个地区。大约140立方英里（约580立方千米）的物质散落到非常远的地方，最远可到东海岸。岩浆从地表下17英里（约27千米）的地方再次进入到这座活火山。伴随着1980年以来发生的许多次中级地震，火山口底部隆升了一英尺或几英尺的高度，这表明火山活动在不断加剧。如果这是火山即将到来的先兆，内华达州的大部分难免受到厚层熔浆的扫荡。

在过去100万年时间内，在世界其他地区发生过多达十次的类似火山喷发。在苏门答腊岛北部，75,000年前的一次大规模火山喷发形成托巴火山口，深度达一英里或更深。托巴火山口是世界上已知最大的复活火山，最大直径达60英里（约96千米），目前在火山口形成了一个大湖，在湖中有一个25×10英里（约40×16平方千米）的小岛，这个小岛是由于火山复活，底部隆升形成的。

许多其他晚于2,000～3,000万年的火山口分布在亚利桑那州、内华达州、犹他州和新墨西哥州，形成一个宽阔的火山口带。火山口通常位于地壳减薄的地区，如在裂谷地区地幔物质上升接近地表。火山口也位于地壳开裂的地方，岩浆可以通过断裂上升到地表。侵入的岩浆将上覆的地壳向上顶，形成一个含有大量岩浆的浅部岩浆房。岩浆穹隆在地表产生张力，导致地表岩石沿着环状断裂塌陷，在火山喷发之后形成火山口的外壁。

火山岩

火山喷发的产物有气体、液体和固体（表10）。岩浆的黏度、岩浆中水和气体的含量、喷发速率以及火山通道的环境是控制火山喷发产物的主要因素。例如，如果火山通道位于水下或者冰川之下，由于不同的冷却环境，相

表10　火山岩的分类

特性	玄武岩	安山岩	流纹岩
硅含量	最低	中等	最高
	约50%，基性岩	约60%	>65%，酸性岩
暗色矿物含量	最高	中等	最低
典型矿物	长石	长石	长石
	辉石	角闪石	石英
	橄榄石	辉石	云母
	氧化物	云母	角闪石
密度	最高	中等	最低
熔点	最高	中等	最低
地表熔融岩石的黏度	最低	中等	最高
熔岩的形成	最高	中等	最低
碎屑岩的形成	最低	中等	最高

图74
1980年10月17日在华盛顿州斯卡梅尼亚县火山喷发形成的火山碎屑流堆积在圣海伦斯火山底部（照片来自美国地质调查局）

同的岩浆会产生截然不同的岩石类型。在冰川下喷发的玄武岩浆形成叫做"玄武碎屑岩"的火山岩，即熔岩快速冷却形成的枕状熔岩与枕状角砾岩。

许多俯冲带或岛弧型火山喷发之前在岩浆房的上部气体浓度很高。这可以解释为什么印度尼西亚的火山（如坦博拉火山、喀拉喀托火山）都具有很高的爆炸性。喷发首先喷射出岩屑（图74），随后是又厚又黏的熔岩流。碎屑岩与熔岩的结构大体上是由形成于喷发物质中的气泡形成的孔洞（称为气孔）的数量和大小决定的。浮石是最轻的火山物质，由于有大量的气孔，所以能和它的字面意思（"浮石"）一样漂浮在水面上。

玄武岩是最致密的一种火山岩，形成于高温环境，大致没有气孔。它是太阳系中的地球、月球以及其他许多天体上喷出到地表的岩浆凝固形成的最常见的岩石。有的时候，特别是在洋底，玄武岩固结形成长条的物体，称为枕状熔岩（图75）。随着玄武质岩浆在地表冷却，它将收缩形成裂隙或者节理。这些裂隙垂直切穿整个熔岩流，把它分解成直径一英尺多的多边形的柱子或柱状物。

火山喷发射入空中的所有固体颗粒称为火山灰（tephra），源于德语，意思是"灰"，这个词是有些历史的用词不当，当年火山被认为是地下物质的燃烧形成的，并一直沿用下来。火山灰也有分类，大至汽车大小的石块，小至灰尘大小的物质。当溶解有气体的熔融岩浆在一个通道中上升，在接近地表时会突然分成液体和气泡，这就形成火山灰。随着压力下降，气泡变得更大。如果这发生在火山口附近，就会有大量泡沫物质喷出来并且沿着火山的坡向下流。

如果这个反应发生在火山颈的深部，气泡会爆炸性的扩散，使周围的液体爆炸并把岩浆分裂成碎块。这些东西被向上运移并高高地抛出火山。这些碎块在空中冷却并固化。碎块在空中旋转呼啸，仍保持塑性的火山团，称为火山弹溅落在附近（图76）。如果火山弹在空中冷却下来，它们的形状就会

图75
阿拉斯加骑士岛上的枕状熔岩（照片来自美国地质调查局 F.H.摩菲特）

图76
*在1959～1960年基拉
韦亚火山爆发的时候
落在火山东侧的火山
弹（照片得到美国地
质调查局和国家公园
服务机构的授权）*

各种各样，这取决于在空中旋转的速度。如果火山弹只有核桃大小，就会形成"火山砾"，在拉丁语中的意思是"小石头"，这些火山弹落到地面后会形成很独特的类似鹅卵石的沉积层。

火山灰伴随着热气沿着火山的斜坡向下流，火山灰被称为"nuee ardente"，源于法语，意思是"炽热的云"。火山灰和火山碎屑构成的云团贴近地表像河流一样流动，或者沿着现有的河谷以时速100英里（约160千米）的速度流动几十英里的距离。最著名的例子是1902年马提尼克岛皮利火山的喷发，在几分钟内就造成3万居民死亡。

当火山灰冷却并固结后，可以形成面积多达1,000平方英里（约2,600平方千米）或更多的沉积层，称为火山灰凝灰岩。火山同时也形成多种多样的熔合凝灰岩、集块岩和熔结凝灰岩。大型的熔结凝灰岩席由熔结的或者再结晶的层状火山灰组成。例如，南美洲安第斯的高原地区覆盖着由火山灰固结形成的大型凝灰岩岩席。

熔岩是达到了火山颈部或者裂隙通道的顶部且没有爆炸成碎块的流到地表的熔融岩浆。生成熔岩的岩浆比生成火山灰的岩浆有更大的流动性。这使挥发成分和气体更容易逃逸并形成像夏威夷主岛上的基拉韦厄火山一样更安静、更温和的喷发。熔岩大多由玄武岩组成，大致含有50％的二氧化硅，颜色较深，并且具有很大流动性。

　　岩浆的喷出可以大致分成两类，这两类的名字都是夏威夷语而且都是典型的夏威夷火山类型。"Pahoehoe"（夏威夷语）或绳状熔岩是具高度流动性的玄武质岩浆流，形成于岩浆流表面凝结形成一层薄薄的塑性外壳。当黏稠的、亚流体的熔融岩浆向前推移，同时搬运着很厚的脆性的地壳，这样就形成了块状熔岩或"Aa"（夏威夷语）。随着熔岩的流动，它压迫上覆的地壳，使地壳破碎成粗糙的参差不齐的块体，杂乱的物质随着熔岩运移（图77）。

　　古老的熔岩流可能含有清澈的、深绿色或者黑色的自然玻璃，成为黑曜岩。一些熔岩流可能含有充填有晶体的孔洞称为沸石，意思是沸腾的岩石，玄武质岩浆冷却时沸腾的水流失之后就形成了这种岩石。粗面岩经常是有着粗粒形状完整的长石晶体，且这些晶体沿着熔岩流动的方向排列。

图77
1960年1月21日夏威夷岛基拉韦亚火山喷发形成的块状熔岩正流入海中（照片来自美国地质调查局D.H.里克特）

花岗岩侵入体

在岩浆向地表运移的过程中，侵入地壳的岩浆会同化周围的岩石。在这个过程中产生了最主要的两种岩浆岩：侵入岩和喷出岩。侵入岩由岩浆体侵入地壳形成，而喷出岩是岩浆喷出到地表形成。由于有着大致相同的物质来源，这两种岩石有着相似的化学成分，但由于形成于不同的冷却环境因此有着不同的岩石结构。

喷出到地表的岩浆比停留在地壳中的岩浆冷却快得多，因此形成具有细粒晶体结构的岩石。由于侵入的岩石是很好的隔热体，能有效保存热量，侵入岩体需要非常长的时间来冷却，可能是100万年或者更长。因此岩浆能够分异形成不同的组分，并且生长出巨大的晶体。大体上岩浆体越大，冷却所需的时间越长，因此，能结晶出越大的晶体。

入侵的岩浆体（称为侵入体）有着多种多样的形状和大小。岩基是最大的侵入体，地表出露经常大于40平方英里（约100平方千米），并且长比宽大许多。岩基形成了主要的山脉，比如加利福尼亚州的内华达山脉（美国加利福尼亚州东部的花岗岩块状山脉），长250英里（约400千米），宽100英里（约160千米）。岩基由大多由结晶粗大的花岗质岩石组成。

如果一个岩浆侵入体形状比较平坦，并且长比宽大出很多，这个侵入体可以成为岩墙。当岩浆流体占据了地壳中的很大的破裂或裂缝，岩墙就形成了。由于组成岩墙的岩石一般比周围岩石的物质坚硬，当岩石暴露于地表受到侵蚀之后就形成了绵长的山脊（图78）。岩床与岩墙一样有着平坦的形状，但是它们的形状与沉积地层中的软弱层平行。有一种特殊的岩床称为岩盖，把上覆的沉积岩向上顶得突出地表，有时候形成在平地中间，形成孤立的山峰。

金伯利岩筒

金伯利岩筒得名于南非金伯利镇，是古代死火山结构的核部，延伸至上地幔，深达地表以下150英里（约240千米）以上，并且由于侵蚀作用揭露出来。大多数著名的金伯利岩筒在白垩纪距今1.35亿年到距今6,500万年之间就位。它们将数十亿年前形成的金刚石从上地幔带到地表，由于这些宝石的存在，整个非洲和世界上其他地区广泛开采金伯利岩筒。大多数具有经济意义的金伯利岩筒为柱状构造或锥状构造，直径多达1英里（约1.6千米）。

这些岩筒不仅是世界上金刚石的重要来源，而且它们能提供其他火山机构所不能提供的来自上地幔的样品。在地球深部，高温高压环境将碳的晶体结构转化成致密的晶体结构，形成地球上已知的最坚硬的物质。与金刚石共生的是与磨圆的砾石相似的超基性（高镁、铁）结核。这些结核从深部与金刚石一起带上来，也很稀有。结核中大部分是橄榄石，显示这种矿物是地幔的主要组分。此外，捕虏体，希腊语意为"外来岩石"，是地幔岩的一种，在火山喷发的时候火山通道壁上的岩石会松动被一起带上来就形成这些捕虏体，同时火山管道的出口也被加宽了。

侵入体有不同的大小和宽度，大多数近似圆形和筒状。在南非发现了700多个金伯利岩筒和其他的侵入构造，不过只有少数的金刚石品位到达开采标准。一开始金伯利型矿床露天即可开采，但是随着矿床深入地下，需要应用多种不同的采矿方法。金伯利矿床是世界上最深的金刚石矿床，地表的直径约1，000英尺（约300米）并随深度迅速减小。虽然含金刚石的岩筒在更深处延续，但是由于洪水的缘故，1908年在3，500英尺（约1，000米）处

图78
从新墨西哥州的圣胡安郡的南部看到的像轮船一样的岩石和岩墙（照片来自美国地质调查局W.T.李）

图79
1923年阿肯色州派克郡摩福利巴罗南部，在阿肯色金刚石矿区，工人正在通过水文方法来开矿（照片来自美国地质调查局H.D.米瑟）

停止开采。

　　在北美，科罗拉多和怀俄明之间的边界处有多个金伯利岩筒，其他的位于蒙大拿和加拿大北极地区。北美很少有较大的岩筒，具有经济价值的也不多。阿肯色州摩福利巴罗附近有一个单独的岩筒，金刚石的开采始于1906年，总产量达4万吨（图79）。这个矿床从此变成了一个旅游景点，名为金刚石火山口州立公园，游人通过购买获得特权，来筛选黑色火山泥找寻这些难找的石头。

与岩浆有关的矿床

　　200多年来，地质学家在矿床的起源问题上进行了剧烈的争论。"水成论者"认为所有的矿床是由于水下渗形成。相反，"火成论者"认为矿化是由于岩浆挥发分向上运移形成。这些岩浆和热液过程在很多地球的宝藏的形成过程中起了重要的作用。

　　矿床形成非常缓慢，需要几百万年的时间矿石才能富集可以开采的程度。铜、锡、铅、锌在岩浆活动中直接富集，特别富集在进入地壳的岩浆侵入体中。这些富集的元素形成热液脉型矿床，这种矿床形成于沿着地下裂隙渗透的热水溶液中沉淀的矿物充填物。

图80
内华达州的蒸汽船热泉的蒸汽喷气孔（照片来自美国地质调查局W.D.约翰斯通）

大约20世纪初，地质学家在加利福尼亚硫黄海岸和内华达州的汽船热泉地区发现热泉（图80），这些热泉正在沉淀可以在矿脉中找到的同一种金属硫化物。所以，如果热泉在地表沉淀矿石矿物，那么热水在向地表上升的过程中可能会充填岩石的裂隙。

从汽船热泉往地下挖掘几百码之后，美国的采矿地质学家瓦尔德马·林格伦发现了有着典型矿脉的结构和矿化的岩石。他证实很多矿脉是由循环的热水也就是热液形成的。这个概念极大地促进了矿床的开采，因为地表岩石的任何热液蚀变就足以让地质学家们把注意力集中在那个地区。不幸的是，只有部分热液地区存在具有开采价值的矿床。因此，一定有其他的过程在起作用。

大多数金属是以硫化物的形式存在的，因此硫的来源以及使得金属硫化物稳定的化学条件就是必需的。由于这些金属元素的溶解度极低，地质学家们仍旧不清楚热水是怎样把足够多的金属元素搬运到它沉淀的地区。可能是一个矿床的形成需要大量的水并经历非常长的时间尺度，也可能是一些热水比地面上观察到的热水能搬运更多的金属元素。

很有可能岩浆房周围的岩石是热液脉中矿物的真实来源。这样的话，火山岩就只是把地下水加热形成一个巨大的循环系统的热源。温度低而且较重的水向下运动并进入正在冷却的火山岩，这些火山岩含有从周围岩石中淋滤来的微量有用元素。当受到正在冷却的岩浆体的加热，这些水将变得稀释，并上升进入之上有裂隙的岩石中。在冷却并且压力下降之后，这些水把携带的矿物沉淀至脉体中，并再次向下运移溶解另一期矿物。

岩浆房为地下巨大的矿层提供了热量以及某些组分。随着岩浆的冷却，硅酸盐矿物（如石英）首先结晶，因此剩余的熔体更加富集其他元素。随着岩浆的进一步冷却，岩石开始收缩并破裂，并使得剩余的岩浆流体向地表逃逸并侵入周围的岩石中，在那里形成岩脉。某些矿物在一个很宽的温度和压力范围内沉淀。这是为什么这些矿物经常与一种或两种充分高含量的占支配地位的矿物共生，并使得开采具有更高的经济效益。

在关于地球的地壳的基本建造单元的介绍之后，接下来几章我们将着重介绍特殊的岩石建造以及地质构造。

6

峡谷、河谷和盆地

地表的凹陷

本章介绍了地球上主要的洼地，包括峡谷、裂谷带、海沟、河谷和盆地。地球上一些非常壮丽的景色都是水流在坚硬的岩石上雕刻出来的。水流的侵蚀作用形成最深的峡谷，削平最高的山脉，还毁坏了许多其他的地质构造。

科罗拉多大峡谷可能是观察侵蚀作用最好的地方。海底和陆地一样也有复杂的地形，许多洋底的海沟也能有几个"大峡谷"了。冰川作用将地球上最古老的地台剥蚀出来，河流在地貌的形成过程中发挥了很重要的作用，形成不一样的地质构造。

陆地峡谷

用峡谷来说明侵蚀作用的威力最有说服力。峡谷通常发生在干旱、半干旱地区，这些地区的河流侵蚀作用比风化作用更强烈。亚利桑那州的大峡谷（图81）平均长277英里（约450千米），宽10英里（约16千米），深1英里（约1.6千米），位于科罗拉多高原西南端。科罗拉多高原很开阔，没有山脉，从亚利桑那北部向东一直延伸到科罗拉多和新墨西哥。

一开始峡谷周围的地区几乎很平坦，在过去的20亿年中，温度和压力的影响使陆地隆升形成山脉，后来山脉被侵蚀作用夷平。接着山脉又形

图81
从特劳维普的位置观察到的大峡谷景象（照片由美国国家公园局提供）

成，并被浅海侵蚀。在4,000~8,000万年之间落基山脉形成，这块陆地被整体抬升。

大峡谷非常年轻，是抬升和侵蚀作用在陆壳上形成的巨大切口，是科罗拉多河在5亿年的沉积物和前寒武系基岩上切割形成的通道。大约在1,000万~2,000万年之前，科罗拉多河开始沿着科罗拉多高原切割沉积地层，在500~600万年之前的时候形成现在的路径，在这一时期巴加-加利福尼亚从墨西哥大陆分离，形成了一个新的入海口。许多峡谷不是一点一点地侵蚀形成，而是大规模的垮塌形成的。

大峡谷把北美大陆最好的岩石地层揭露出来，切割了数亿年间形成的地层，厚度达1英里（约1.6千米）。充分暴露的地层层序为我们书写了这个完整的历史演化画卷。在峡谷的底部是最原始的老陆壳基底，上面缓慢沉积了一层层的沉积物。峡谷的一个侧壁上有一个角度不整合，将上面水平的高原系地层和下面的老地层大峡谷系分离开来（图82）。

产在大峡谷中的巨大不整合面是北美最重要的、最著名的地质特征，从亚利桑那延伸到威斯康星，一直延伸到加拿大的阿尔伯塔。这个不整合面是新地层覆盖到老地层上的界线，在一些地区两个地层的相隔达20多亿年，它标志着岩石层序的间断，老的地层被剥蚀，新地层又在老地层上形成。在不整合面之上存在一个砂岩层，当时这个砂岩层是沿着古海岸线沉积的。这个砂岩层在北美大陆的年代有变化，靠近北美的中部最年轻，边部最老。

对整个北美地区来说，这个大不整合面可能是独一无二的，因为老岩层的顶部代表了地球的原始地表。剥蚀作用磨平了岩床，后来的沉积层就在这个磨平面上形成。在一些地区老岩层向新地层中隆起，说明这是老地貌中的山地地区。在其他地区，原始岩层的碎块出现在不整合面之上的新地层中，说明这一时期发生了剥蚀和再沉积过程。

这个大不整合面在大峡谷中很好识别，沉积岩层堆积得很高，产状呈水平的新岩层在上部，老岩层在下部，很规则地分布着。在4,000英尺（约1,200米）之下，岩层陡然变化，最古老的沉积岩层（约5.4亿年）盖在20亿年的老变质岩上，这之间有15亿年的地质时代间断。

在"大接合"附近，靠近科罗拉多国家纪念碑的地区，不整合面之上的砂岩层被两亿年的基诺群地层代替（见第3章的大峡谷剖面），显然在基诺群地层形成之前，砂岩地层被剥蚀了，这很可能发生在3亿年前所谓的早期落基山脉隆升的时期，因此大不整合面代表了更长的地质时代间断。

图82
上层水平的高原系地层与老的倾斜大峡谷系地层以角度不整合接触（照片由美国地质调查局L.E.诺贝尔提供）

　　美国前寒武纪岩石露头最好的地方是大峡谷底部18亿年的变质岩（图83），上面沉积了1英里（约1.6千米）多厚的地层。在这期间大峡谷的河床被强烈剥蚀造成时代上的断层。厚厚的海洋沉积物逐渐在大峡谷的河床上沉积，持续的沉积由于重量不断增加造成古老洋底下沉。

　　在沉积的时间间隔内，沉积地层逐渐地堆高达到现在的海拔，科罗拉多河也不断地侵蚀将下面的地层揭露出来。南加利福尼亚的皇家河谷地区厚度达3英里（约5千米）的肥沃土壤就是由于科罗拉多河侵蚀大峡谷并将沉积物在这个地区沉积下来形成的。

洋底峡谷

　　洋底的地形与陆地上一样凹凸不平。即使是陆地上最大的峡谷相对于海底峡谷下切的深度来说也是小巫见大巫。几个深的峡谷切穿阿拉斯加与西伯利亚间白令海之下的大陆架。大约7,500万年以前，大陆移动形成了宽阔的白令大陆架，高于洋底8,500英尺（约2,600米）。冰期海平面下降好几百英尺，大陆架因此有几次暴露出海面成为干旱的陆地。陆地峡谷深切入大陆架。在末次冰期的最后阶段海洋重新填满，大量的山崩和泥石流扫过大陆架边缘的陡峭陆坡，刨削出1,400立方英里（约5,800立方千米）的沉积物与岩石。

末次冰期期间，地球上的水有大约1,000万立方英里（约4,200万立方千米）储存于大陆冰盖中。冰川的体积是现在的3倍，覆盖了1/3的陆地表面。积累的巨量的冰使得海平面下降了400英尺（约120米），大陆桥露出水面把大洲连接起来。海平面下降使得海岸线向海洋方向前进了好几百英里。美国东海岸的海岸线向大陆架的边缘延伸了一半，大约向东延伸了600英里（约960千米）。

远离美国东部的大陆架上存在一个阶地，可以延伸约200英里（约320千米），很明显它代表了以前冰期的海岸线，但现在完全被海水淹没了。海底峡谷切穿了北美东部的大陆边缘和洋底。块状的大陆冰川覆盖着北半球的大部分地区，蕴含的水量使得海平面下降数百英尺。流经暴露地区的河流在洋底侵蚀出数条峡谷，200英尺（约60米）海面下的洋底峡谷侵蚀岩层，它们可以追溯到陆地上的河流。在最后的冰期期间，海面显著的下降，这些峡谷就是被注入海洋的河流冲蚀形成的。

图83
大峡谷底部的前寒武纪维什努片岩（照片由美国地质调查局R.M.特纳提供）

大陆架、大陆坡上的海底峡谷和河谷一样具有许多独一无二的特征，有些还可以和陆地上最大的河谷相媲美。海底峡谷的特征包括高高的陡峭侧壁和一直向外倾斜的不规则谷底，长度可以到30英里（约50千米）或更长，侧壁的平均高度达到3,000英尺（约900米）左右。一些海底峡谷是在海平面比现在低得多的时候由普通的河流在洋底侵蚀形成的。许多峡谷的源头就靠近大河的入口。大巴哈马峡谷是最大的海底峡谷之一，侧壁的高度达14,000英尺（约4,300米），是科罗拉多大峡谷深度的两倍多。

一些海底峡谷可以超过两英里（约3.2千米），与陆地河流有关的峡谷不可能达到这样的深度，这些深谷是海底滑坡形成的，海底滑坡在洋底侵蚀出非常深的沟。滑坡沿着陡峭的大陆架快速向下滑动，大陆架上覆盖的细粒沉积物被滑坡冲下大陆架。含有大量沉积物滑坡比周围海水的密度大，浊流迅速地沿着海底流动，迅速地侵蚀掉洋底的松软沉积物。这些泥流称为浊流，沿着很缓的坡下滑，能够大量搬运海底的物质。

陆壳裂谷

大陆岩石圈是地球的坚硬外壳，一般厚度在5英里（约8千米）到10英里（约16千米）之间，要在这样大厚度的大陆上切开一个口子好像不是很容易的事情。不管怎样，当大陆裂解成分离的陆块时，厚层的岩石圈必须先减薄。从大陆裂谷向海洋裂谷的转变需要陆块断裂发生作用。陆壳的地块沿着伸展断层向下陷落，地壳被拉伸，形成深深的裂谷和变薄的地壳。

大陆的裂解伴随着裂谷中的热点火山岩开始，热点就像喷灯一样在地壳下烧出一个洞并且降低地壳的强度。热点与裂谷有关，沿着裂谷大陆最终裂开。地幔物质沿着巨大的地幔柱上升，造成地壳底部熔融，这就进一步降低地壳的强度，导致块体下落，形成一系列地堑或断层深沟。

地幔对流上升，在岩石圈下向相反的方向扩散，于是将减薄的地壳拉开，形成很深的裂谷。如果以这种过程形成裂谷，当地块沿着离散断层下陷的时候，会给区域内带来大地震的袭击。此外，大量的岩浆从软流圈上升会带来大规模的火山喷发。位于裂谷之下的地壳只有20~30英里（约32~48千米）的厚度，而其他部分的地壳厚度有50英里（约80千米）或更厚。随着地壳持续变薄，岩浆房上升到离地表更近的位置，这样火山就变得更加频繁。火山活动增加的一个标志就是在许多裂谷的早期，产生大量的熔浆流到陆壳上。

　　当大陆分成许多块体时，裂谷更加扩张，海水流进来淹没这个地区，最终形成一个具有海洋裂谷的新大洋。随着裂谷积蓄变宽变深，一个扩张脊系统取而代之，高温的地幔物质沿着裂谷上涌，在分离的两个陆块之间形成新的洋壳。当热点之上的超级大陆裂谷裂解的时候会释放出超过200万立方英里（约830万立方千米）的熔浆，这就是为什么在大陆裂谷发生的早期岩浆活动会大量增加。

　　东非大裂谷是大陆裂解的一个很好的证据（图84），这条裂谷从莫桑比克海岸一直延伸到红海，在裂解的地方形成埃塞俄比亚的阿尔法三角，当裂谷最终裂开的时候就被海洋裂谷取代了。这一过程在红海领域正在进行当

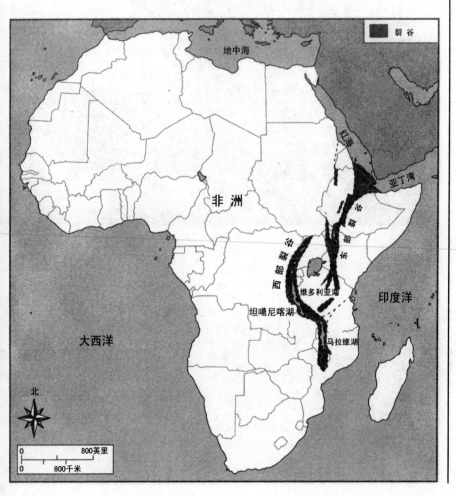

图84
位于亚丁湾和红海的东非裂谷系统

图85
亚丁湾和红海是由于
洋底扩张形成的初始
海（照片由美国地质
调查局地震信息通报
提供）

图86
大西洋洋中脊的横剖
面

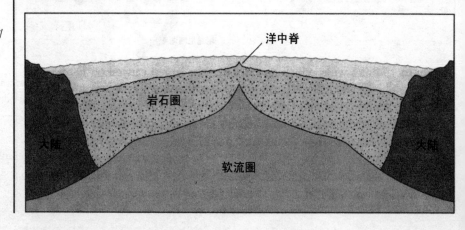

洋中脊

岩石圈

大陆

软流圈

大陆

中，裂谷从南到北正在裂解（图85）。

亚丁湾位于裂开的阿拉伯和非洲之间，是一条年轻的海洋裂谷，在超过1,000万年的时间里一直在发生着裂解。北美和欧洲的裂解开始于17,000万年之前，可能随着玄武质岩浆的上涌结束，而在东非裂谷和红海裂谷下面，同时期相同的玄武岩浆上涌正在进行。

洋底裂谷

洋底的裂谷形成洋中脊扩展系统。大西洋洋底扮演一个巨大传送带的角色，从大西洋洋中脊开始将岩石圈向外运移（图86）。假设大陆边缘的形状正好对应着海岸线的形状，大西洋洋中脊在大陆之间迂回，几乎从中间将大西洋分成两部分，这是世界上最特殊的山脉。

被淹没的山脉和海底山脊形成45,000英里（约72,000千米）连绵不绝的山链，宽度达数百英里，高度达1万英尺（约3,000米）。虽然被淹没得很深，但扩张脊仍然是这个星球上最醒目的特征，扩张脊延伸的面积比陆地上所有山脉延伸面积的总和还要大。1万英尺（约3,000米）高的山脊顶部存在一个深沟，就像是洋壳上的巨大裂缝。在一些地区这些沟深达4英里（约6.4千米），比科罗拉多大峡谷深4倍，宽度达15英里（约24千米），足可以称得上是地球上最大的峡谷了。

大西洋洋中脊轴部被近东西方向的走滑断层水平错动，形成连接洋中脊两侧的深沟。洋中脊两边相互摩擦，产生巨大的剪切力，洋底受到扭曲形成许多深谷。裂隙带是中脊轴部的分支，最大的裂隙是大西洋中位于赤道附近的罗曼希裂隙带，延伸近600英里（约960千米），垂直高度达4英里（约6.4千米）。裂隙带侧面有许多相似的带，形成一系列的深沟和横向的脊。

洋中脊的顶部大部分由坚硬的火山岩组成，洋中脊系统具有许多独特的特征，包括块状峰、锯齿山脊、地震裂缝断崖、深谷和特殊的熔岩建造（图87）。沿着山脊的长度，由于受到位于高热流中心的突变断裂和裂谷的影响，洋中脊系统被切割到了一半的高度。此外，由于整个系统是由地壳的巨大裂隙构成的，因此扩张脊是地震、火山的频发区。

东太平洋隆起是一条沿着太平洋板块东边的6,000英里（约9,600千米）长的裂谷系统，和大西洋洋中脊一样，是世界上最大的山链之一（图88）。裂谷系统是相互交错的洋中脊，大部分位于水下。每一条裂谷都是窄窄的裂

图87
东太平洋胡安·德富
卡山脊上，一个岩浆
湖泊垮塌坑的边缘
（照片由美国地质调
查局提供）

隙带，由于受到板块构造的作用，洋壳板块沿着这些裂隙被拉开。

在东太平洋隆起的顶部和超过两英里（约3千米）深的锯齿状玄武岩陡崖底部是熔岩流和散布的枕状熔岩。海水下渗到岩浆房附近，加热后通过热液管道上涌，这些地区就成为活动的热液区域。海底热泉形成神奇的烟囱森林，称为黑烟囱。这些黑烟囱向外喷出含有硫的化合物的黑色热水。

黑烟囱里面寄居着地球上最神奇的生物体系（图89），在热液通道的周围，那些可能是我们所见到过的最奇怪的动物在蓬勃生长，它们的生活习惯非常独特。又长又白的蛤蜊有1英尺（约0.3米）那么长，在黑色枕状熔岩之间筑巢安家；体形庞大的螃蟹在火山岩区猛冲猛撞；一群臃肿的管状蠕虫有10英尺（约3米）那么高，在海水中游荡。这些生物依靠热液中的细菌汲取养分，这些细菌依赖热液中的硫化合物进行新陈代谢，在它们的世界里完全不用依靠阳光来获取能量，它们获取的能量来自于地球内部。

远离华盛顿州的海岸，洋底热泉区喷发出极高温度的卤水，温度在350～400摄氏度之间，这些热水流入周围冰冷的海水中。沿着东太平洋隆起的扩张中心，大规模的海底火山沿着裂隙爆发，形成巨大的热水柱，释放出大量的热水，这些热水受到巨大的压力被封闭起来，在海底大量释放的热水可以解释为什么海水那么咸。

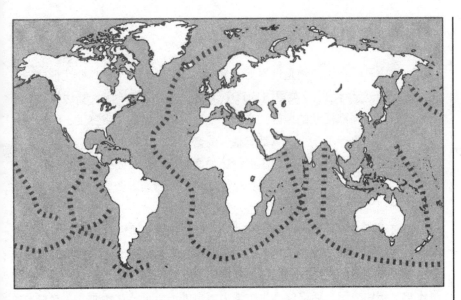

图88
地壳板块正在扩张的洋中脊，是世界上最广阔的山链，也是火山强烈活动的中心

图89
在胡安·德富卡山脊附近的热液管道周围生活的一群管状蠕虫及周边的硫化物沉积（照片由美国地质调查局提供）

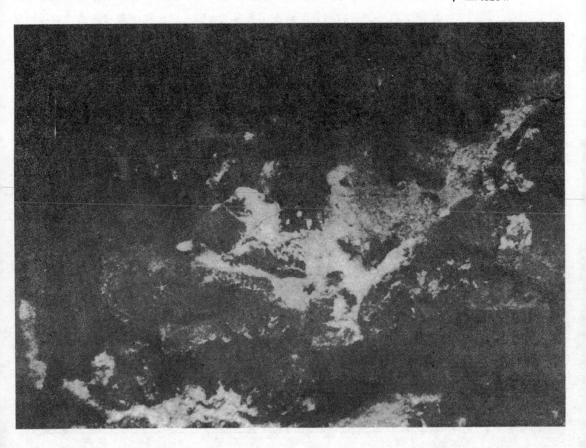

深海海沟

太平洋马里亚纳海沟是世界上的最深点（表11）。从关岛向北形成一条长线，深度达到水面下7英里（约11千米）。这条深海沟离大陆边缘和岛弧不远，是火山强烈活动的地区，产生了地球上最强烈的火山爆发。海沟的边缘形成火山岛弧，每条火山弧都有相似的弯度和火山源区。海沟之所以显示为弧形，是因为这是一个几何图形，比如像刚性的岩石圈板块这样的平面切割或俯冲成为一个球形的时候（如球形地幔），海沟就会显示为弧形。海沟也是在地球海盆深部几乎持续发生地震的区域。

随着太平洋板块慢慢北移，板块的主要边缘俯冲进入地幔形成世界上最深的海沟。当板块从洋中扩张中心的起源地向外延伸的时候，板块就会变厚变冷，因为更多的来自软流圈的物质会附着在软流圈下部，这一过程称为底垫作用。板块变沉之后最终会失去浮力，也就不能再留在表面了，这将导致板块沉落进入地幔，在俯冲线的位置就形成深海沟。当板块俯冲的部分进入地幔之后，剩下的部分可能连同上面的大陆一同也被跟着拉进去。这是大陆

表11　世界上的海沟

海沟	深度（英里）	宽度（英里）	长度（英里）
秘鲁－智利	5.0	62	3700
爪哇	4.7	50	2800
阿留申	4.8	31	2300
美国中部	4.2	25	1700
马里亚纳	6.8	43	1600
克里－堪察加	6.5	74	1400
波多黎各	5.2	74	960
南三维治	5.2	56	900
菲律宾	6.5	37	870
汤加	6.7	34	870
日本	5.2	62	500

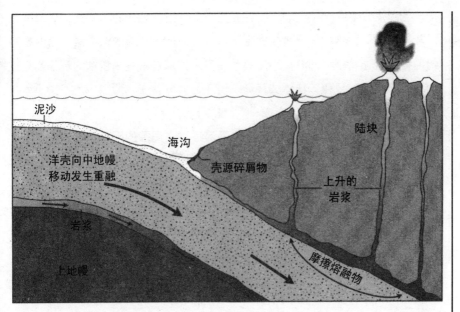

图90
洋底俯冲为火山活动
形成新的熔融岩浆，
这些火山形成深海沟
的边缘

泥沙

海沟

陆块

洋壳向中地幔
移动发生重融

壳源碎屑物

上升的
岩浆

岩浆

上地幔

摩擦熔融物

漂移学说中主要的俯冲机制。

　　由于板块下沉形成的海沟中堆积了来自附近大陆的大量沉积物。大陆架和大陆坡含有从大陆上冲下来的厚层沉积物，当沉积物和其中的海水被夹在俯冲的洋壳和上面的陆壳之间的时候，沉积物就会遭受强烈的变形、剪切、加热和变质。沉积物被带入地幔，熔融形成火山的新岩浆，在海沟边缘形成众多火山（图90）。俯冲带面向海的一侧以海沟为标志，常出现在大陆的边缘或火山岛弧沿线。在每条岛弧后面有边缘盆地或弧后盆地，这些都是板块俯冲形成的凹陷。像马里亚那海沟这样的深俯冲带形成弧后盆地，像智利俯冲带这样的浅俯冲带就不能形成弧后盆地。位于中国和日本群岛之间的日本海就是一个典型的弧后盆地，日本群岛最终也会贴和到亚洲大陆上。

河谷

　　河谷是被河流或溪流切穿的低洼陆地，呈线性，两边有称为"河漫滩"的高地与之接壤。一个狭窄的河谷不比河道本身宽多少，而宽阔的河谷则超出河道宽度好几倍。在区域抬升的地区，河流快速流动持续向下切割形成狭窄的河谷，这是河流的"年轻阶段"。一些狭窄的河谷形成于坚硬的岩石中，河流的侧向侵蚀缓慢，经常形成急流或者瀑布。

当河流沿水平梯度流动，河谷变宽，并且不再迅速向下切割，这时称为"成熟阶段"。这种情况大多发生于河口处，形成宽阔的河漫滩。河曲是宽阔河谷的普遍特征（图91），尤其是在河岸，那是由容易侵蚀的沉积物组成的地区。洪水、风化、块体坡移可以使河谷变宽。在冰期很多河谷由于冰川作用而加宽，从"V"型谷变成"U"型谷。

河谷被沉积物阻塞之后，河水充满河道，在周围的平原地区发生泛滥并且冲蚀形成新的河道。在这一过程中，河流蜿蜒不绝，在广袤的平原形成厚厚的沉积物，这些沉积物可以阻塞整个河谷。当河流流经一个泛滥平原的时候，河流拐弯的外侧发生最大的侵蚀作用，在河道上形成陡峭的侵蚀崖，而在河流拐弯的内侧，水流较慢，河流中悬浮的物质就沉积下来。在洪水期，在弯弯曲曲的河流的两个拐弯的地方，洪水直接从地势较低的部位将河曲

图91
爱达荷州河谷郡佩埃特河的北部弯弯曲曲的支流穿过长河谷的景象（照片由美国地质调查局D.L.施密特提供）

图92
阿拉斯加地区冰湾的
亚西河流三角洲（照
片由美国地质调查局
J.H.哈兹霍恩提供）

截断，暂时将河道取直，直到沉积物将新的河道充填再次形成弯弯曲曲的河道。同时，原来河道被截断的弯曲部分变成牛轭湖。

河流的冲刷和溶解形成侵蚀作用，河流搬运的物质冲刷河道的底部和侧壁的时候就发生侵蚀作用。河流搬运大量的碎屑，这些碎屑都是侵蚀河流源头和流经河岸时产生的。这些沉积物都是岩石受到雨水、风和冰的风化作用形成的产物。河流不断地侵蚀河川并且向源头侵蚀，因此侵蚀和沉积决定了河道的形状是封闭的还是笔直的，弯弯曲曲的河道被碎屑物质阻塞的时候如果受到冲蚀就能形成笔直的河道（图92），携载沉积物的河流最终流入静态水体中。河流侵蚀作用将河谷加宽加深变长，在河流的源头河床坡度很陡，流速很快，沿水流反向的侵蚀将河谷加长，这种过程称为向源侵蚀，这是河流切割地貌的主要作用。越向河流下游方向，流速和流量同时加大，沉积物颗粒大小和河滩的数量减小，河流就会沿着缓坡搬运大量的物质。河流的拐弯处由于坡度变缓导致流速降低。

河岸的垮塌和侧向切割使河谷逐渐加宽，这种趋势在弯道的外侧最为明显。河流两侧的底部可能受到流水的切割，因此弯道发生移动的河谷容易变宽。许多河流具有典型的对称弯道，称为曲流，表明河流的能量是均一分配的。

如果一条河流捕获了附近的另一条河流，这种现象称为袭夺（袭夺，又称为河流抢水，相邻流域的河流由于侵蚀基准面的高度不同，其向源侵蚀的速度各不相同，侵蚀速度较快的，源头向分水岭伸展的速度也快，往往切穿分水岭，把分水岭另一侧的河流抢夺过来，这种现象称为河流袭夺。它的特征是导致水系扩大，水量增加，侵蚀能力增强。被抢夺的河流表现为水量减少，水小谷宽。——译者注），这往往会牺牲河流的流量。河流在牺牲其他河流的基础上增长，因为水量变大而成为主要的河流。袭夺之后的河流侵蚀松软的岩石或者沿着陡坡下泻，因此具有更强大的向源侵蚀作用，切割两河之间的分水岭，夺取另一条河中的河水。

干涸盆地

地中海几乎是一个完全封闭的盆地，深海的平原超过1万英尺（约3，000米）深，含有将近100万立方英里（约420万立方千米）的海水，海水的蒸发速率非常高，每年蒸发约5英尺（约1.5米），相当于1，000立方英里（约4，200立方千米）的海水。来自河流补充的水量不足蒸发量的10%，其他的损失主要靠从直布罗陀海峡流入大西洋中的海水来补充。地中海的海水盐度较高，因此比其他正常海水重，导致海水下沉到底部，最终高盐度的海水充满整个海盆。

大约600万年以前，地中海洋盆与大西洋被完全切断，非洲板块向北移动，在直布罗陀地区形成一个海峡，穿过峡谷形成一个大坝。大约1，000年以后，整个地中海被蒸发，海水中的盐分沉淀出来，在底部形成石盐沉积层。后来万亿吨的沉积物覆盖到同样庞大的盐层之上。干涸的洋盆比大陆架低1英里（1英里≈1.6千米）多，今天的死亡谷就像它的缩影。

在地中海的底部有一串盐丘，直径达几英里，高度达数千英尺，这是海底之下的盐层向上隆起形成的。盐丘的出现表明在地中海的底部存在大量的石盐沉积。盐层与风吹沉积出现互层，说明地中海曾经是干涸的海盆。海水经过大约100万年的蒸发之后，形成的蒸发岩沉积达1英里（约1.6千米）厚。

河流流入干涸的洋盆侵蚀出深深的峡谷。被沉积物充填的峡谷沿着法国南部的罗恩河道延伸超过100英里（约160千米），河面之下的沉积物厚度达3，000英尺（约900米），这条河最终流入地中海。尼罗河三角洲下面有一条类似科罗拉多大峡谷的河谷（图93），深度达1英里（约1.6千米）。大约

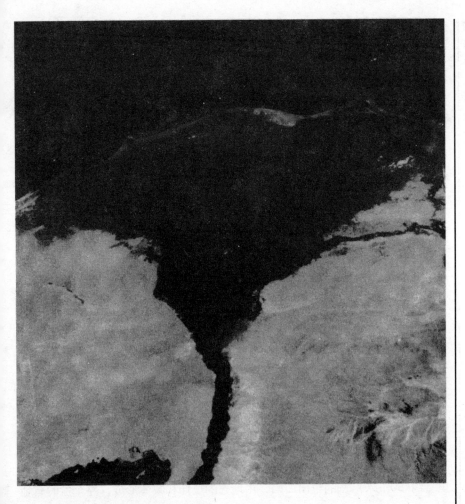

图93
从太空船上看到的尼罗河三角洲的景象
（照片来自美国宇宙航天局）

100万年之后，直布罗陀地区下沉，大坝被破坏，形成了壮观的瀑布，海水以每年1万立方英里（约4万立方千米）的速度下泻。这条瀑布比南非1英里（约1.6千米）宽的维多利亚瀑布大100倍，是地球上最大的瀑布，比北美尼亚加拉瀑布高50倍。

填满这个洋盆需要几个世纪的时间，地中海被重新填满后全球的海平面下降了35英尺（约11米）。大量的海水压在洋盆之上，相当于最后一个冰期覆盖整个欧洲的冰盖的重量。

黑海可能也具有相似的命运，和地中海一样，黑海是一个古赤道洋的残留。这个古赤道洋名为特提斯洋，将非洲和欧洲分开，将大西洋和印度洋连起来。2,000万年之前，非洲板块和欧亚板块碰撞，使得特提斯洋受到挤

135

压，形成一条长长的山系和两个内陆海，一个是古地中海，另一个是黑海、里海和咸海的联合海，即古特提斯洋，古特提斯洋覆盖了欧洲东部的大部分。大约1,500万年以前，地中海和古特提斯洋分开，古特提斯洋成为一个咸海，就像是今天的黑海。巨大内陆水系的瓦解和地中海的突然干涸密切相关，在很短的时期内（从地质时代的角度来说），黑海完全变干，在最后一个冰期，重新注水形成淡水湖。

大约7,500年前，黑海被一次大洪水淹没，深埋在下面的古海岸线的轮廓显示这里曾经是一个小得多的淡水湖，因为在沉积物中发现了淡水软体动物化石。很明显，当欧洲冰川融化的时候，地中海涌出博斯普鲁斯海峡进入黑海，接着涌入一个内陆湖。洪水使海平面每天升高半英尺，居住在海边的居民会发现海水每天向他们前进1英里（约1.6千米）。当洪水结束的时候，海平面上升了500英尺（约150米），大陆上大约6万平方英里（约16万平方千米）的面积被水覆盖，相当于美国佛罗里达州的面积。可能是迅速的海水泛滥产生了众多关于大洪水的传说，例如《圣经》中诺亚方舟的故事。

大盆地

盆岭省是一条600英里（约960千米）宽的区域（图94），包括内华达和犹他州的大盆地地区，面积涵盖了俄勒冈州南部、内华达州、犹他州西部、加利福尼亚州东南部、亚利桑那州南部和新墨西哥州。大盆地是一个300英里（约480千米）宽的封闭凹陷，由地壳的拉伸和减薄形成。整个盆岭省地区的地壳一直处在拉伸的活动中，这是由于受到来自地幔的作用力，这种作用力和隆起落基山脉的作用力是一样的。变形的主要因素是基本沿着东西向的伸展作用。

随着地壳的持续伸展，一些地块下陷形成被断层裂谷包围的地堑，地堑之间的脊部称为地垒，是上升的断块。大约20个地垒和地堑构造一直延伸，从加州内华达山脉2英里（约3千米）高的悬崖到一直隆升的沃萨奇山峰，其中沃萨奇山峰是一条穿过犹他州盐湖城的近南北向的断层系统。

地垒和地堑构造走向几乎垂直于地块张裂的运动方向，这种运动是发生在太平洋和北美洲板块之间所谓的"丢失运动"的一部分。太平洋板块经过北美板块向西北走滑，每年移动约2英寸（约5.1厘米）。地壳两个巨大块体的相对运动导致地壳的变形和美国西部正在进行的地质构造运动，包括盆岭

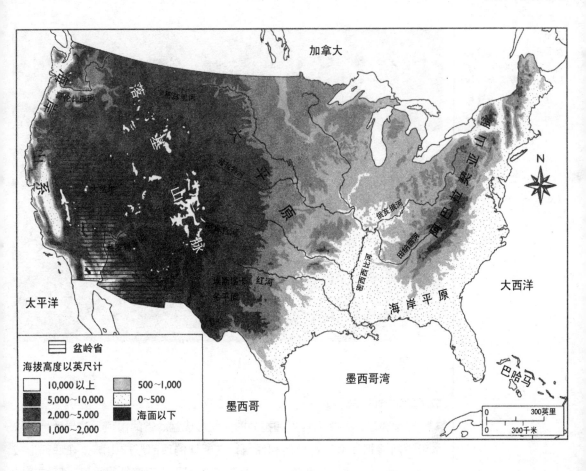

图94
美国的地形图

省的伸展（沿着圣安德列斯断裂的水平走滑运动）和加利福尼亚海岸山脉的上升运动。

圣安德列斯断裂吸收了太平洋板块和北美板块之间相对运动的60%～80%，而加利福尼亚崎岖的海岸山脉的强烈褶皱和逆冲断层运动占到了10%。加利福尼亚的格洛克断层是一条向东倾的主要断层（图95），这条断层发生左行的走滑运动，结合圣安德列斯的右行走滑运动导致莫哈韦沙漠相对于加州向东运动。在过去的数百万年的时间内，莫哈韦断层和附近死亡谷已经吸收了太平洋和北美板块走滑总量的10%～30%。

大约2,000万年之前，内华达山脉和卡斯卡德山脉在现在位置的西北方向约170英里（约270千米）处。在过去的2,000万年时间内，内华达山脉和卡斯卡德山脉向西南旋转，像是以太平洋西北部为轴打开了一扇门。当这些山系移动的时候，东边的地壳被拉伸直到沿着断层破裂，伸展和断裂最终形

137

图95
加利福尼亚州贝纳迪诺郡，艾尔帕索山脉中的加落克断层（照片由美国地质调查局提供）

成了盆岭省的山脊和山谷。

　　当地壳隆升并受到伸展和拉分的时候形成盆岭省的山顶，这导致地壳块体沿着断层相互滑动、旋转和倾斜。在断块的顶部形成山脉，在底部形成"V型"谷。谷地因为充填了从山上冲下的沉积物而变得很平整。区域上持续的地壳伸展和断裂可能最终会导致形成大规模的张裂，在沙漠的西南部形成一个裂谷，类似于分裂开大陆的东非裂谷。

　　许多平行的断裂切穿了盆岭省，这些断裂吸收了太平洋板块和大盆地东部相对稳定的北美板块之间相对运动的20%。在盆岭省中有被高角度正断层包围的断块山脊。大约500万年之前，地壳伸展将盆岭中心的内华达和断块山脊拉分开。伸展作用导致了世界上一些陆地中的一些最薄的地壳。内华达州的地壳厚度约12～20英里（约19～32千米），相当于大部分地壳厚度的一半。

　　伸展和断裂逐渐西移，约300万年前在死亡谷地区形成山峰。这一过程将低缓柔和的山脉转变成今天的刻板山脉和盆地。这一地区的地壳被破坏成数百个部分，这些碎块或陡立，或比盆底上升了1英里（约1.6千米）的高度，形成了达50英里（约80千米）长的近平行的山脉。组成这些山脉的岩石遭受强烈的褶皱、断裂、火山和变质作用。

　　由于一系列的断块影响，地壳强度减弱，这个地区被拉分开。地壳伸展强度减弱的地方，岩浆就上涌到地表，形成大量的火山喷发，火山岩石向盆岭省的西北角延伸，由于受到断裂的影响而发生变形。发生很多英里位移的逆冲断层从一个山脊延伸到另一个山脊。在山脊之间是盆地，干湖床沉积随处可见，因为低洼的地方曾经是湖泊，大盐湖和博纳维尔盐滩就是很好的例子。

　　怀俄明州中南部的大分水岭盆地的形成环境和大盆地一样，是一个地形上的和构造上的盆地，覆盖面积约2,500平方英里（约6,500平方千米）。这个盆地在地貌上是一个洼地地区，海拔约6,500～7,500英尺（约2,000～3,000米），盆地中的水系全在内部流动，没有向外的出口，河流和湖泊通常是时断时续的。在拉勒米造山活动（山脉建造期）期间发生了一期主要的褶皱和断裂事件，这一期活动造成了落基山脉的隆起和盆地的下陷。

　　加利福尼亚的死亡谷（图96），是北美大陆的最低点。虽然现在位于海平面之下280英尺（约85米），但它曾经高居海拔数千英尺的地方。由于本

图96
加利福尼亚州因尤郡，死亡谷从东北向穿过黑山和葬礼山的景象（照片由美国地质调查局W.B.汉米尔顿提供）

地区发生大规模的伸展断裂活动，陆壳减薄，导致山体垮塌。大盆地是许多高原和一条宽阔山脉的残留，在地壳被拉分的时候以同样的方式发生垮塌。

在讨论了一些地壳上的洼地之后，下一章将介绍干旱和海岸地区。

7

沙漠与海岸地形

风沙与海岸沙漠

在这一章里，我们将去干旱地区和海边看看那里的地质特征。沙漠是地球上最活跃的地表形态之一，在那里沙子在不停地运动着。沙漠中活动频繁的沙尘暴在干旱地区地表的形成中起着重要作用。威力巨大的沙尘暴发威的时候遮天蔽日，能从地面上卷起成千上万吨的地表沉积物。在强风的推动下，流沙丘会移动起来，一路扫荡吞噬遇到的一切物体。海岸沙漠形成于海洋和沙漠相连接的地方，特殊的位置使它显得与众不同。世界上最大的海岸沙漠，应该是位于非洲纳米比亚海岸边的纳米比沙漠（图97）。

地球是一个生生不息的星球，在这里，演化一直在进行着，像奔腾的流

图97

位于非洲西南部的纳
米比沙漠北部的线形
沙丘（*摄影E.D.迈
基，美国地质调查局
授权*）

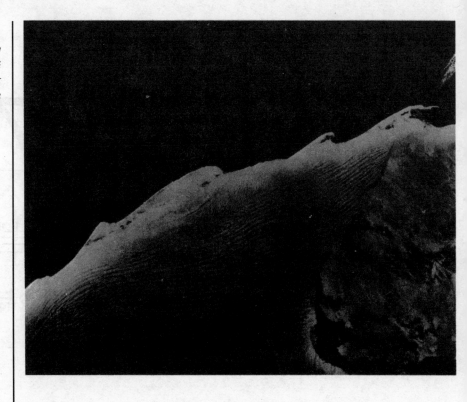

水和汹涌的波浪这样的复杂运动从来没有停止。大量的沉积物被河流从陆地上带到了海洋里，永不停息地改造着海岸地区。沿着海岸，不同地区地形、气候和植被的分布会发生显著的变化。海岸是大陆和海洋发生激情碰撞的地方，在这样的地区，急剧变化的地表形态分布是不可避免的。

沙漠的特征

通常在人们看来，沙漠是一片动植物稀少的不毛之地。事实上并非如此。沙漠是地球上最有活力的地形，依靠沙子的运动它们从来没有停止过改变。甚至有的时候，沙丘会把房屋和其他建筑物埋在下面，造成相当大的破坏。而沙尘暴则是更加危险的，因为它从来不问人们自己携带的成千上万吨的尘土和沙子是否欢迎，就铺天盖地地来了。

沙漠占据了地球大陆面积的1/3。这些让人觉得沉闷的地区是地球上最热、雨水最少也是最贫瘠的地方。在一些荒漠地区，只是在每年的特定季节才会有少量的降水，还有一些地区甚至常年基本没有降水。能在这种环境中生存下来的只有那些最顽强的动植物物种，其中一些物种的生命力之强超出了人们的想象。而雨季一旦来临，倾盆大雨经常引发洪水泛滥，带走了无数的沉积物和残骸。流沙丘在强风的推动下在沙漠中移动，吞噬它遇见的一切。

世界上绝大多数沙漠分布在赤道两边纬度15度到40度之间广阔的亚热带地区。由于热带地区降水量非常大，使得临近的亚热带地区雨水非常稀少。在亚热带地区，干燥的空气冷却下来并下沉，形成了暂时性的高压，也称为阻塞高压。顾名思义，阻塞高压阻止了更有利的气候条件在这个地区形成。山脉也阻碍着气候的变化。它会迫使雨云上升，然后使降水发生在这个区域的迎风面。这会导致在背风面或者山脉的另一端雨水不足，形成了像美国西南部那样的沙漠地带。来自太平洋上空带有丰富水汽的气流在翻越内华达山脉和加利福尼亚州其他山脉的时候变冷却并形成降水，使得山脉群以东的区域干旱缺水。

沙漠具有一系列独特的地质特征。位于死亡谷北部的赛马场盐湖（图98）在平时是一片干涸的湖床，在雨季之后成为一片浅浅的湖水。一种神秘现象使这里很出名：石头会走路，而这些"会走路的石头"在湖床上留下的痕迹困惑了地质学家很多年。最初的时候，人们认为当大雨过后，湖床上的

图98
图中为位于加州英尤县的死亡谷国家保护区的赛马场盐湖。可以看到土地开裂的盐湖盆地和那些在盆地上形成痕迹的鹅卵石大小的石头（摄影W.B.汉密尔顿，美国地质调查局授权）

泥土变得稀松，此时那些从附近的山上呼啸而过的大风能够推动这些石头。但是，那些"会走路的石头"中最大的有两英尺见方，重差不多700磅（约318千克），这样的石头显然不是风的力量能推动的。

不过，冬天的降雨可能会在这片海拔3700英尺（约1,100米）的地区形成薄薄的冰层，冰层会稍稍抬起那些漂石，降低它们与湖床上的泥浆之间的摩擦力。这时如果风力足够强的话，这层几英寸厚的冰层会在湖床上移动，冰层中的石头被挟裹着一起向前运动，并在湖床上留下与冰层的运动相一致的图形。已经发现的相隔2,500英尺（约750米）远的划痕形成了看上去一模一样的图形，表明这些石头是在同一片冰层里面运动的。通常情况下，冰层一旦破裂，里面被夹裹的石头便朝不同方向运动，在泥浆上面留下像花纹一样的痕迹。

更多的地面图案包括形成于死亡谷沙漠土地中的多边形结构。土地在炎炎烈日下很快变得干涸，进而收缩并形成了裂缝。在岩床上的单个裂缝中的粗大颗粒由于受到不断的磨损，也会形成分选环。人们甚至认为连地震中的振动也能对一些沉积物进行分选。

在沙漠地区中山脉发生侵蚀的地区需要具备降水大和排水面积小的特征。由沙子和砂砾构成的沉积扇区域在山脉前沿地区不断扩张。在持续的侵蚀作用下，原先陡峭的山脉前沿会被迫向后退，在岩床上留下的是一片表面平滑的区域，这就是人们所说的三角墙。它通常有一个向上凹进的角度，这个角度甚至可以达到7度，取决于沉积物的大小和被冲走的物质数量多少。在沉积扇上，来自山上的流水不断改变着流向，并形成了冲积扇（图99）。最终山脉被侵蚀到和附近的平原相近的高度，形成零零星星分布的沉积扇区域。

在美国西南部的盆岭省份，沙漠中地表水系的变化过程完整地展现出来。在这个地区分布着由比较新的断层带形成的一系列山脉。在山脉之间是一片低地，在雨量充足的时候这里常常汇聚了一片湖水。往往湖水会留下大量的沉积物，而覆盖在它们上面干涸的湖床就成了人们所说的沙漠中的盆地。这里的水体被称为咸水湖，因为其中含有浓度很高的盐分和其他可溶性矿物质。湖水蒸发完之后，这里就成了一片盐碱地（图100）。

陆地上最低的地方是在叙利亚沙漠中以色列和约旦交界处的死海，那里的高度在海平面以下1,300英尺（约400米）。约旦裂谷是地壳上一个将陆地裂开很深的裂缝，死海正是位于这里。它也是世界上最深的湖泊之一，平均

图99
位于死亡谷国家保护区的内华达山脉上的冲积扇地区（摄影H.E.迈尔德，美国地质调查局授权）

深度达到1,000英尺（约300米）。在过去数千年的时间里，河流带着大量溶解自岩石的盐分自南向北穿过约旦断裂谷并到达终点——死海。在死海，只有流进的水，没有流出的水。流进来的水通过不断蒸发进入沙漠干燥的空气中，这样死海水中盐的浓度被进一步提高，最终使得死海水中的平均盐度比海水中还要高8倍以上。

撒哈拉沙漠（图101）是地球上面积最大的干旱区域，其大小与美国相当，达350万平方英里（约900万千米）。在这片沙漠下方的深处，有一个巨大的古代河谷形成的网络，较小的溪流组成的流水通道遍布包含砂砾层、沙漠盆地和其他地质结构的岩床。一项对该地区的研究发现在这里曾经存在着一个世界上最大的河流群之一，它的宽度与尼罗河谷相差无几。这个发现告诉人们，在其他沙漠中也可能存在着类似的被沙漠掩盖的河床。

在撒哈拉沙漠的东部地区人们发现了一个被掩埋在沙层下的引人注目的水系。作为地球上曾经的最大河流群之一，它在昔日的活动范围要远远超过了人们原先的猜测。在数十万年的时间里众多的河道交叉穿过了有几百万年

图100
位于犹他州的大盐湖沙漠的南端，可以看到大片的盐碱平地（摄影C.D.沃尔科特，美国地质调查局授权）

历史的山谷，而如今，这些山谷被厚厚的沙层掩埋，看不见了。有一种可能是，这些现在躺在沙层下面的山谷，可能是早期的人类从非洲向欧洲和亚洲迁徙的通道。而散落在沙层中的石器时代的物品，告诉人们在这片现在根本不适合人类居住的土地上，也曾经有过人类赖以生存的水源，并有人类在此活动。已经发现的数十件人类物品，包括有25万年之久的石斧，似乎在告诉人们这里曾经是人类的聚居点，人们通常所说的猿人可能生活在这里并制造了石器工具。

地质学家在勘探撒哈拉地区的石油时，遭遇了下部地层中的一系列巨大凹槽，显然，这些凹槽形成于古代冰川时期。嵌在冰山底部的石块被巨大的冰山带着在地面上来回摩擦。有证据表明是在冰川的作用下，曾经覆盖该地区厚厚冰层中携带的漂石沿着蛇丘地形被堆成一堆一堆的。蛇丘地形是由冰川的冰水冲积形成的蜿蜒分布很远的沉积物构成的。

世界上最贫瘠的沙漠地区也许是位于南极洲麦克默多海峡和纵贯山脉之

间的一片干涸的峡谷。由于附近山脉挡住了暴风雪，干涸的峡谷中每年的降雪量不超过4英寸（约10厘米），而这其中绝大部分还要被时速超过200千米以上的飓风吹走。在这片谷地中，有些区域甚至在过去上百万年的时间里没有收到过任何形式的降水。

图101
图中为阿尔及利亚中部的撒哈拉沙漠地区，可以清楚地看到线形沙丘（摄影E.D.迈基，美国地质调查局授权）

风蚀作用

在沙漠中，风是最强大的侵蚀者，也是最勤快的搬运工，而且风带来了最多的沉积物。通过把一粒一粒的沙子带动起来，风对沙漠中沙的重新分布起到重要作用。在风的推动下，沙子摇摆不定地向前移动，有的时候能够在地面上堆积成厚厚的一层。风蚀的发生主要靠吹蚀作用。在吹蚀过程中，大量的沉积物被暴风带走，形成了吹蚀洼地。在一些地区，吹蚀形成了一种被称作吹蚀穴的空洞（图102）。它很特别，因为通常都具有凹面的形状。通常情况下，在有价值的物质被风吹蚀走之后，会留下一层小鹅卵石，可阻止进一步的吹蚀。

沙漠中地表温度的变化非常快，使沙漠中能出现世界上风力最强的风。大风起处，沙暴和尘暴随之而起，并联手造成了所谓的风力侵蚀。尘暴是非常可怕的，它携带的尘土常常像一堵固体墙一样，以不低于60英里（约96千米）的时速运动着。滚滚尘土不断飞扬，向上能达到数千英尺高，在地面上能扩展几百英里远。

风不断地刮着地面，使得数英寸厚的土壤被空运到了其他地区。哈布

图102
位于内布拉斯加州苏县哈里森以南3英里（约5千米）处的中心部分仍屹立着的吹蚀穴（摄影N.H.达顿，美国地质调查局授权）

表12 世界上主要的沙漠

沙漠名称	位置	类型	面积（千平方英里／千平方千米）
撒哈拉沙漠	非洲北部	热带沙漠	3,500／9,100
澳大利亚沙漠	澳大利亚西部和内陆	热带沙漠	1,300／3,380
阿拉伯沙漠	阿拉伯半岛	热带沙漠	1,000／2,600
土耳其斯坦沙漠	中亚地区	大陆性沙漠	750／1,950
北美洲沙漠	美国西南部和墨西哥北部	大陆性沙漠	500／1,300
巴塔哥尼亚沙漠	阿根廷	大陆性沙漠	260／680
塔尔沙漠	印度和巴基斯坦	热带沙漠	230／600
喀拉哈里沙漠	非洲西南部	沿海沙漠	220／570
戈壁沙漠	中国和蒙古国	大陆性沙漠	200／520
塔克拉玛干沙漠	中国新疆地区	大陆性沙漠	200／520
伊朗沙漠	伊朗和阿富汗	热带沙漠	150／390
阿塔卡马沙漠	秘鲁和智利	沿海沙漠	140／360

沙暴，一种巨大的尘暴，在阿拉伯语中意思是"彪悍的风"，它通常形成于非洲、阿拉伯地区、中亚、澳大利亚等地的沙漠中以及美国西南部（图103和表12）。当一股势力强大的气流越过辽阔的沙漠（比如非洲地区的沙漠）时，便会引起惊人的尘暴，这些尘暴可以长达1,500英里（约2,400千米），宽达400英里（约640千米），一路横扫过沙漠地面。

人们已经知道非洲的一些庞大的风暴群能够携带着尘土越过大西洋一路直达南美洲。非洲沙漠上空的尘土运动到了高纬度地区，在那里被向西运动的气流带到了美洲。亚马逊河流域移动迅速的风暴群迎接了远来的尘土，而尘土也给这里的土壤带来了养分。不过在佛罗里达州以及美国东海岸的其他地区，夏季风暴从非洲越过大西洋带来的尘土多得让人烦不胜烦，影响了当地的空气质量。

来自撒哈拉沙漠的尘土一路飞扬越过美国的大部分地区，甚至能深入到大峡谷地区。有了它的参与，原本早就恶名远扬的遮掩了大峡谷奇观的雾气，现在更加惹人讨厌了。这种灰尘的化学成分不同于本地的土壤，它呈现

出一种明显的红褐色。一旦与空气中的其他污染物相结合，这种灰尘就会形成一种持续很长时间的雾气，特别是在夏天的时候。不过这种灰尘倒有一种出人意料的好处。在那些因为使用化石燃料而饱受酸雨之苦的地区，撒哈拉尘土定期的到来可以帮助降低酸雨浓度，对于酸雨造成的危害起到一定缓解作用。佛罗里达礁中的珊瑚能够捕获这种灰尘并把它用在自己的生长带中，这可以用来研究灰尘的来源，比如从撒哈拉吹向美国的沙暴。

干旱地区曾经是尘暴的多发地区，风带走了大量的疏松沉积物。绝大多数被风吹走的沉积物堆积成了厚厚的黄土层（图104）。这种黄土层纹理清晰，成片状堆积，但是堆积得并不坚实，通常可以看到它在露出地面的岩层上形成的很薄但是很均匀的基床。黄土沉积物覆盖着数千平方英里的地区。通过流水或者是剧烈的风化进行短距离的迁移，黄土层完成了再沉积，然后在合适的位置重新安定下来。

黄土沉积物广泛分布于北美洲、欧洲和亚洲。中国有世界上最大的黄土沉积层，这些来自戈壁大沙漠的黄土层有数百英尺厚。沉积物中许多尺寸均匀、有棱有角的小颗粒，包括石英、长石、角闪石、云母以及少部分黏土。沉积的黄土通常很肥沃，颜色介于浅黄色和微黄褐色之间。由于其中包含的颗粒尺度一般和泥沙的大小不相上下且很均匀，这里的黄土沉积层通常不具有分层的特征。黄土层中通常含有残留的草根，这使得它尽管结合力很弱，但仍能像有泥砖支撑一样形成几乎直立的墙。因为黄土层受潮之后会容易下陷，在建筑活动中为了预防黄土造成的损失，要对其进行适当的压实。

在过去的几千年里，沙漠形成了自己的一层由小鹅卵石组成的保护层。这些鹅卵石表面有一层沙漠岩漆，尺寸大小不一，小的有豌豆那么大，大的有胡桃那么大。对于这样的鹅卵石，即使是沙漠中最大的风也不能把它们带到天上去。在1991年波斯湾战争中，军事行动破坏了科威特境内的沙漠以及沙特阿拉伯东北部和伊拉克南部沙漠地区的原生地面保护层，对沙漠地区造成了很大影响。在保护层的保护下，沙漠才能留住沙子和尘土颗粒，形成稳定的地形。而一旦失去了这一保护层，沙漠将形成新的沙丘地形，会导致更多的沙尘暴，携带着沙子四处流动。

风力侵蚀带来了吹蚀和剥蚀两种后果。吹蚀作用是风把沙子和尘土颗粒带走，形成了一个中空的区域，通常发生在干旱地区或者是没有植被的地区，比如沙漠或者是干涸的湖床。随着较小的尘土颗粒被尘暴带走，地表变得越来越粗糙。剩下的沙子在风的指挥下一路跌跌撞撞、蹦蹦跳跳往前走，直到遇到一个障碍物走不动了，就停了下来堆成了一个沙丘。

图104
位于密西西比州沃伦县的由黄土构成的陡峭的悬崖（摄影E.W.肖，美国地质调查局授权）

剥蚀过程与在风力的驱动下沙子对悬崖底部的喷沙过程相似。当剥蚀作用发生在砾石或者鹅卵石时，会在表面留下许多侵蚀坑、沟道以及刻蚀痕等痕迹（图105）。在剥蚀作用下还会形成一种叫做风棱石的岩石，依据风向不同和岩石的运动，风棱石一般有数个平坦光滑的表面。

快速运动的沙子的剥蚀作用侵蚀着砾石的表面，而由岩石分泌的镁和铁的氧化物构成的沙漠岩漆则把砾石染成了深褐色或黑色。最厉害的剥蚀发生在大沙暴中，这时通常沉积物颗粒会在地面堆积起来，不过高度通常在两英尺以下。这种剥蚀作用在栅栏柱和电力电杆处是最常见的。

沙子的运动有点不可捉摸，既像固体也像液体。沙粒在强风作用下沿着沙漠表面向前运动的过程称为跃移（图106）。在跃移过程中，沙粒在一瞬间被风带到地面1英尺（约30厘米）以上的高度，脱离地面在空中向前运

图105
1921年8月拍摄于爱达荷州弗里蒙特县的吹蚀穴（摄影H.T.斯特恩斯，美国地质调查局授权）

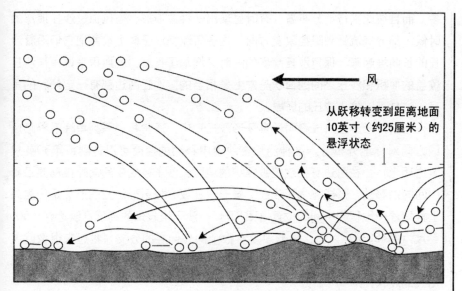

图106
尘暴形成于沙子由跃移向悬浮过程转变的示意图

从跃移转变到距离地面10英寸（约25厘米）的悬浮状态

风

动。在空中运动的沙粒落地之后，会使另外的沙粒离开地面，重复上面的过程。剩下的还在运动中的沙粒翻滚划动着继续向前运动。由于不断运动的沙粒的剥蚀作用，沙漠沉淀物的沉积物颗粒通常会被覆盖起来。

沙丘

在强风作用下，沙丘活跃在占据全世界干旱地区10%的沙漠中。有风的时候，沙丘会在沙漠中移动。沙丘中的沙粒碰撞着向前走，偶尔还会被风带到空中。沙丘的大小和形貌取决于许多因素，包括风的方向、风力大小、变化程度、土壤的湿度、植被覆盖情况、沙丘下的地形以及受到风作用的可动土壤数量的多少，等等。

沙丘一路横行，把路上遇到的一切都掩埋起来。对于沙漠沙地中的高速公路、铁路的建设和维护来说，沙丘是个很大的问题。向沙漠中绿洲地带迁移的沙漠会造成另外一个严重的威胁，特别是靠近村庄的时候。通过建设防风带和改变沙子运动方向可以减轻沙丘对建筑物造成的破坏。如果没有这种保护措施，沙丘对沙漠地区中的道路、机场、农作物区以及城镇的破坏将是非常严重的。

随地形和风向的不同，沙丘有三种基本的形貌。线形沙丘中沙丘基本顺着强盛行风的方向整齐地排列着（见图101）。沙丘的长度要比宽度大得多，而且彼此平行地分布着，有时呈现出一种波浪形。当风掠过沙丘顶部的时候，部分气流受到阻挡改变方向。这些气流把沙子向上推并把它们沿着沙丘的长向堆起来，保持沙丘高度的同时又增加了长度。就面积来说，被沙丘覆盖的面积和沙丘之间的面积基本上是相当的。沙丘两边都有一定倾斜的角度，这样可以防止沙丘的坍塌。

在新月形沙丘（或者叫做月牙形沙丘）中，通常是一系列角峰沿着顺风的方向对称地分布着。这种沙丘在沙漠中移动的速度可以达到每年50英尺（约15米）。在两边有稀疏植被保护的地区，沙子被由中间向外推动并沿着中间向前移动，形成抛物形沙丘。星形沙丘或者放射形沙丘的形成是依靠向上推把沙子堆积到中间的位置（图107），沙子堆起来的高度可以达到1,500英尺（约450米）以上。星形沙漠有数个向外伸展的分支，看起来很像巨大的纸风车。沙子也会堆积成一层一层的，或者是许多很细的分脉，而不呈现出大的起伏。

沙丘沿着沙漠地面向前移动的时候，有时会产生一种神秘的现象——响沙。这种能发出声音的沙丘绝大多数是那些位于沙漠深处单个的大沙丘或

图107
位于墨西哥索诺拉大沙漠中的多种星形沙丘（摄影E.D.迈基，美国地质调查局授权）

者是距离海岸较远的海滩。即使在沙丘脊部轻轻走过，沙丘也会发出这种声音。特别是当背风坡有沙子滑落的时候，沙丘便会发出很强的隆隆声。沙丘发出的这些声音被人们比作钟声、喇叭声、雾号声、大炮声、雷声、嗡嗡响的电话杂音，或者是低空飞行的飞机声，等等。人们发现在那些能发出声音的沙丘中的沙子都是滚圆的球形，而且种类大小均一。人们推断发出的声音来源于一种频率相同的共振运动。不过在一般的滑坡中，无数大小不一的沙粒相互碰撞时的频率要高得多，也就产生不了这种独特的声音。目前发现的响沙已有30处以上，分布在非洲、亚洲和北美洲的沙漠、海滩中以及其他一些地方。

海岸沙漠

海洋沉积物中含有的石英颗粒与海滩上沙子的大小差不多，而且已经发现许多海洋砂岩形成物，比如裸露在美国大西部的砂岩，是沿着古代内陆海洋的海岸分布的。在海洋中砂砾层是很少见的，主要是通过海底滑坡由海岸边向深海海底平原运动。风带来的沉积物落在海里，慢慢堆积形成了深海红黏土，这种红色来自于铁的氧化物，表明了这些沉积物是来自陆地。

众多的江河源源不断地把大量的冲积物从陆地上带到了海里。到达海岸边以后，这些由河水带来的沉积物根据颗粒大小落在了不同的位置。颗粒粗大的沉积物落在了波涛汹涌的海边，而颗粒较小比较均匀的沉积物落到了更远处的较平静的海水中。随着海岸沉积物的增加或者是海平面的下降，海岸线会由陆地向海洋中扩张，颗粒较小的沉积物逐渐被颗粒较大的沉积物覆盖了起来。而当地表降低或者是海平面升高，海岸线会向后退却，这时颗粒较大的沉积物慢慢被颗粒较小的沉积物覆盖了起来。随着海洋的反复进退，不同类型沉积物之间的比例不断变化，一层又一层的沙子、淤泥和泥土交替堆积着。

处于下面地层之上的这些沉积层与方解石、硅石等黏合物共同作用形成了坚固的岩石层，组成了交替排列的石灰石岩床、页岩床、粉砂岩床、砂岩床等地质区域。在不断的磨蚀作用下，所有的岩石最终都变成了只有黏土大小的颗粒，成了最常见的沉积物。这些微小的颗粒在海水中缓慢下降，最后落在了远离海岸的平静的深海中。每一个岩床层都标志着一种沉积物的结束和另一种沉积物的开始。这样，当人们在厚厚的砂岩岩床中发现穿插着很薄的页岩和粉砂岩的岩床时，就可以推测出在粗大颗粒沉积物沉积的过程中发生过细小颗粒的沉积过程，而这是和海岸线的扩张与退却联系在一起的。

在沉积物岩床中，由于沉积物从底部的较大颗粒变化到顶部的较小颗粒，会出现不同沉积物基床的分级现象，表明这些不同尺寸的沉积物是由一些流速很快的海流带过来的。由于沉积速度与颗粒大小有关，颗粒最大的沉积物最先沉积，随后逐渐被颗粒较小的沉积物覆盖起来。岩床在水平方向也会出现分级现象，就是沿着水平方向按照颗粒尺寸由大向小过渡。沉积岩床的颜色之间也存在着差别，这种差别有助于人们判断沉积物的来源，比如灰色的沉积物就是来自海洋的。

形成于海洋或者大湖中浅地层之上的石灰石是最常见的几种岩石之一，它覆盖了10%以上的陆地面积（图108）。石灰石由碳酸钙组成，而人们认为碳酸钙主要来自于生物的活动，证据就是已经在石灰石岩床中发现的大量海洋生物的化石。白垩土是一种松软的多孔的碳酸盐岩石，由于质地疏松，由白垩土构成的地层在海岸风暴中会受到严重的侵蚀。白云石是一种类似于石灰石的岩层，用镁代替石灰石中包含的碳酸岩中的钙就能形成白云岩。这种化学反应会造成岩层的体积减小从而留下空洞区域。位于意大利东北部的多洛米蒂阿尔卑斯山脉就是由沉积在古海洋底部的这种矿物质形成的板块上升后形成的。

河流带来的冲积物进入海洋之后便沉积在了大陆架上。大陆架会向海洋中延伸100英里（约160千米）甚至以上，深度可以达到600英尺（约180米）。在绝大多数地区，大陆架都是接近水平状态的，平均倾斜程度大约是每英里下降10英尺（约3米），与许多海岸地区倾斜程度是相当的。而实际上，在冰川时期这些大陆架就是当时世界上的海岸地区。

海崖

汹涌的海浪遇到海岸之后逐渐变得温顺起来，而且还会形成近海岸的海流，而正是这些海流把沙子带到了海滩上。海浪会在沿海地区造成侵蚀，在许多海岸地区，这种侵蚀现象非常严重，海岸线正在逐步向后收缩。绝大部分的巨浪和海滩侵蚀发生在海岸风暴中。风速达到每小时100英里（约160千米）以上的飓风会形成惊涛骇浪，这些海浪会毁掉整个海滩地区。海滩地区的侵蚀过程主要由几个因素影响，包括海滩沙丘或者海崖的强度，海岸风暴

图108
位于阿拉斯加北部里斯博恩地区纳索拉克岩层中的均匀插入的石灰石和页岩石灰石（摄影M.R.坎普贝尔，美国地质调查局授权）

的频繁程度和破坏能力以及暴露出来的海岸地区的大小。

　　海崖和海滩沙丘作为海岸线的标志，受到侵蚀后会使海岸向后退相当的距离。猛烈的海浪与风暴对沙丘和海崖造成了严重的侵蚀（图109）。海浪的侵蚀主要依靠撞击、压力以及剥蚀，还有一定程度上的溶解作用。因此，

图109
从1866年开始加利福尼亚州圣马刁县(San Mateo)附近的海崖已经后退了165英尺（约50米）（摄影K.R.拉霍伊，美国地质调查局授权）

海浪的侵蚀作用与河流的侵蚀作用是相像的。海浪在撞击时会形成大的碎片并把它们带到别的地方。海浪还会涌到海岸之上并随后退回到海里，在这个过程中带着沙子和鹅卵石来回运动，不断摩擦着沉积物并同时把它们带到更远的海里。

　　破坏海岸线的海浪通过从下部对岩床进行切割来形成海崖（图110）。海岸滑坡发生在海浪从底部割裂海崖时，会使海崖向海洋中垮掉。海崖向后退却是由海洋有关的以及与海洋无关的因素引起的，包括海浪的袭击、风生盐渍以及矿物质的溶解等。引起海崖侵蚀的与海洋无关的因素包括化学与力学过程、表层的流水运动以及降水等。力学过程依赖存在于海崖裂缝中的水的冰冻以及随后的解冻循环，这个过程使海崖裂开，海崖上的石头也变得不那么结实了。

　　风化作用会使岩石裂开或者使岩石表层脱落。一些动物行为，比如在土地中挖出的与裂缝交错的洞穴等会使岩石变得不结实，也会使海崖遭受侵蚀。表层的流水以及风生雨会使海崖遭受进一步的侵蚀。同时海岸地区过量的降水对沉积物起到了润滑的作用，会使一些巨大的石块滑落到海里。而悬崖上的流水和风生雨会在海崖上形成沟槽，通常这些沟槽位于崖面上。

从海崖中渗出的地下水会在崖面上形成锯齿状缺口，会使上面的地层变得不牢固并造成破坏。这些外来的水分会提高沉积物中的孔径压力，导致把这些岩石层维持为一个整体的黏结力降低。如果岩理层、岩石断层或者节理处向海洋一边滑动，在这些不稳定地区运动的水流便会引起岩石滑坡。夏威夷群岛迎风面的一些大山谷就是形成于这种滑坡作用，如今在那里还能看到从多孔的火山岩中涌出许多旺盛的泉水。

海浪直接作用在海崖底部，从比较脆弱的岩石下手，并从这里对海崖进行割裂，造成上层缺乏支撑的崖体崩塌在海滩上（图111）。海浪也会作用在节理处或者断层面上，造成大块岩石或者土层的松动。此外，在风的驱动下由飞溅的浪花形成的含盐的喷雾还会径直撞击到海崖上。多孔的沉积物岩石会吸收这些含盐的水，水分蒸发之后形成晶体盐，而这些晶体的生长会破坏岩石。这样海崖的崖面会一片片地慢慢剥落，破碎的石块落到了下面的海滩上，在海崖的底部不断堆积形成了岩锥（或者崖锥）。

除了海浪侵蚀之外，石灰石海崖还会遭受化学侵蚀，在这个过程中石灰石中的可溶矿物质会不断被海水溶解。石灰石侵蚀在南太平洋中的珊瑚岛上是很常见的，可能是因为海平面较高以及在较高的温度下珊瑚无法存活。在地中海以及亚得里亚海的石灰石海岸这种侵蚀也是很常见的。海水会溶解掉

图110
位于加利福尼亚州圣路易斯奥比斯波县，佛朗西斯建造的碧玉中形成的第四纪海浪切割海岸

图111
加利福尼亚州圣马刁县(San Mateo)位于魔鬼斜坡上的1号高速公路（摄影R.D.布朗，美国地质调查局授权）

沉积物中的石灰石成分，在海崖上形成很深的凹槽。化学侵蚀还会带走起粘合作用的组分，使沉积物一粒一粒地分解掉。

海岸构造

从海浪对海岸的猛烈冲击情形可以看出海浪产生的能量是相当大的。岩石林立的海岸每单位面积从海浪中接收的能量要比从太阳光接收的能量多得多。海浪是由远处的风暴产生的强风吹过大面积的开阔海域时形成的。当遇到陡峭的海岸或者海堤时，海浪的能量便被反射回来，在这个过程中形成了沙洲。当海浪以一定的角度与海滩相遇时，由于发生折射浪头便改变了方向。一旦海浪越过一个陆上的高点或者是防浪堤，便会在防浪堤后面形成环形海浪。当被折射回来的海浪与其他涌过来的海浪交叉相遇时，海浪的高度便会增加。

最强的海浪产生于那些距离海岸较近的风暴，尤其是发生在涨潮时的风暴。在世界上许多地区海岸附近的海湾和港湾中涨潮时海浪的高度达到12英尺（约3.6米）以上，这种潮头被称为超巨浪。海湾和河口是潮水的通道，潮水在这里通过时高度不断增加，而海湾和河口的形状决定了涨潮的高度。在涨潮十分厉害的地区，还会有很强的潮流。涨潮时，海水漫过与海洋或者河口临近的海岸区域时就形成了潮汐洪水。不同的海岸地形，包括沙洲、海角和三角洲等都受到海岸附近海流的影响，不过也抑制了海洋的破坏作用，类似于冲积平原对河流的作用。造成海岸洪水的主要有涨潮、强风驱动的海浪、风暴潮（图112）、海啸以及上述因素的任意组合。如果涨潮时正遇上海岸风暴带来的强降水导致的洪流，那也能形成海岸洪水。

洪水会沿着海岸线延伸很远。通常洪水持续时间不长，根据潮水的高度而定，而潮水一般每天升高和回落两次。如果开始涨潮，其他导致涨潮的因

图112
位于北卡莱罗纳州哈特拉斯角的越流和风暴潮侵蚀（摄影R.多兰，美国地质调查局授权）

素会提升盛行涨潮的最大高度（潮头）。强风导致的潮汐浪叠加在固定的潮水上时会形成最大的潮汐洪水和最厉害的海滩侵蚀。海滩侵蚀受到海滩山丘和海崖强度的影响，也受海岸风暴的强度和频繁程度以及海滩的暴露程度的影响。海岸线的退却并不仅仅是海平面上升引起的，不断轰击海岸的海浪的方向和强度的长期变化也会造成海岸线的后退。不同地质结构的地区，海岸线后退的速度也不同，与盛行风和潮水的变化也有关系。

对海滩采取的保护措施通常起不到应有的作用，因为海浪持续击打并侵蚀着对海水起着隔离作用的防护带。原本用于加固海岸的一些工程，反而对海岸形成了破坏作用。工程师建造的用来稳定海岸的各种建筑物反而加剧了海岸的侵蚀。通常情况下，用来隔离海浪的耸立着的海堤和防波堤也会加速海岸的侵蚀。防波堤使得沙子不能随意地被海浪带到海滩上，而海堤则是把海浪反弹回去而不是吸收它的能量，这样也会破坏海滩。被反弹回去的海浪把沙子从海滩上带到了海里，破坏着海滩以及那些海堤原本要保护的沿岸陆地。这些建筑物通常会加速防护堤前面海岸沙滩的侵蚀。而实际上海堤的作用是牺牲了海滩来保护海崖。在海崖底部建造的隔离物也许对海浪侵蚀起到一定的保护作用，而对海沫和其他侵蚀过程却不起作用。一般在固定的季节

图113
特拉华州的德威海滩上留下的树桩和树根，告诉人们这里曾经被森林覆盖（摄影 J.比斯特，美国农业部水土保护局授权）

海滩上的沙子都会流失，而在其他季节海浪又把沙子送了回来。

持续变暖的气候导致极地冰盖的溶化会使海平面上升并淹没一些海岸地区。如果按照现在的溶化速度，到21世纪中叶海平面可能上升1英尺（约0.3米）甚至以上，这个速度与上一个冰川世纪时大陆冰川的溶化速度是相当的。结果就是，一些海滩和堰洲岛将会随着海岸线的后退而消失（图113）。

对于海岸线来说，海平面每上升1英尺（约0.3米），海岸线就要后退1,000千英尺（约300米）以上，后退的程度随不同海岸地区的坡度而不同。如果海岸线升高3英尺（约0.9米），美国有7,000平方英里（约18,000平方千米）靠近海边的陆地将被淹没。海岸线不断后退将会使人类丢掉大片靠海的陆地以及一些较浅的堰洲岛。而作为海洋生物繁殖地的河口将被彻底毁掉。养育着世界上大部分人口的海拔较低而土地肥沃的三角洲地区也将被上升的海水淹没。现在世界上一半以上的人口居住在海滨城市，到时候他们将不得不迁移到内陆或者是建造海堤来挡住不断上升的海水。

珊瑚礁

珊瑚礁是最重要的陆地建造者之一，它组成了海洋中的群岛链并不断改变着大陆的海岸线。据估计，在全世界的海洋中分布着大约27万平方英里（约70万平方千米）的珊瑚礁。在过去的地质时代，珊瑚和其他生活在礁石上的有机物共同形成了大量的石灰石。典型的珊瑚礁应该是由颗粒均匀的含沙碎石组成，这些碎石被附着在表面的动植物牢牢地连在了一起。由于珊瑚能抵挡海浪，因此大量的热带动植物在珊瑚礁上繁衍生息，一般认为在珊瑚礁上生活的物种占了海洋物种的1/4。

珊瑚礁通常只出现在印度洋—太平洋和西大西洋温暖的浅海中。在太平洋上星星点点地分布着数百个环礁，而每个环礁是由围绕着一个中心礁湖的珊瑚礁岛屿构成。里面的礁石可以有数千英尺大小，其中的许多礁石是由已经沉没到水平面之下的古代火山锥形成的，礁石高度增加的速度正好抵消了火山锥下降的速度。

珊瑚堡礁作为仍然存活的珊瑚礁石的主要特征结构，几乎已经露出了水面。它包含有很大的圆圆的珊瑚头和一系列珊瑚分支。数百种生物比如藤壶牢牢地附着在珊瑚礁上繁衍生息，看上去就像牢固的装饰品一样。较小一些的比较柔弱的珊瑚和大量的红的绿的石灰质藻类则生活在珊瑚架区域。

礁顶向海里延伸的部分叫前礁，在这里珊瑚几乎覆盖了整个海底。在更深一些的海水中，许多珊瑚沿水平方向生长，长成一片一片的，这样可以增

图114
位于波多黎各的一片
裙礁（摄影C.A.凯,
美国地质调查局授
权）

加吸收光的面积。在礁石的其他地方由珊瑚形成的大支撑壁被一些窄的砂石沟道分开。这些沟道由大量已经死亡的石灰质珊瑚体以及石灰质类海藻和其他生活在珊瑚上的其他生物的有机物遗体构成。这些交错分布着的沟道就像交叉的山谷一样，而山谷陡峭的悬壁是由固体珊瑚构成的。沟道能吸收海浪的能量，还可以让沉积物自由地流动，以免珊瑚的生长受到那些动植物残骸的影响。在前礁之下是一个珊瑚层，再下面是一个砂石斜坡，上面零星分布着一些珊瑚，接着往下又是一层珊瑚，最后是一个几乎垂直的陡坡进入了黑暗的深海之中。

裙礁形成于浅海中，与陆地相连，或者是隔了一片较窄的水域（图114）。堡礁也是与陆地平行，不过距离陆地更远一些。与裙礁相比，堡礁面积大得多，而且能延伸到更远的距离。最有名的就是位于澳大利亚东北海域的大堡礁，这是一个由2,500多个珊瑚礁和小岛构成的岛链。它形成了一个长达1,200英里（约3,100千米），宽90英里（约230千米），高达400英尺（约120米）的海下阻隔带。这片珊瑚是由生命有机物建造的最大的地质结构，也是世界上最令人叹为观止的自然奇迹之一。

在见识了沙漠地区和海岸地区的沉积地形之后，下一章我们将要看到冰川形成的地貌。

8

冰川地形
冰川形成的地质结构

在这一章中我们将看到由于冰川的侵蚀和沉积作用形成的不同类型的地表形貌。在北半球，许多独特的地质结构都是在冰期形成的，是自极地的巨大冰盖经过时的产物。当时冰河作用很强大，北美洲大陆和欧亚大陆的大部分地区都覆盖着厚厚的冰盖，冰盖的厚度甚至超过了两英里（约3千米）。在一些地区，地壳上的地表沉积物被一扫而光，只留下光秃秃的花岗岩岩床。在另外一些地区，当冰川融化退回到极地地区后，留下成堆的无数沉积物。

我们生活的今天仍然处于冰期，只不过是暖和一些的冰期。在接下来的几千年里，冰盖会再次运动起来，扫除遇到的一切物体。一旦发起威来，冰川会迫使北半球城市中的人们为了生存向南转移。森林将整个被毁掉，为了寻找更暖和一些的气候，生活在林带的人们将不得不向原来的热带地区迁移。

冰盖

　　大陆冰川是最大的冰盖层。在距今天大约12,000年到100,000年前的上一个冰期，冰盖覆盖了大约1/3的陆地面积。而今天，只有南极洲大陆和格陵兰岛仍基本上被冰盖覆盖，两处冰盖的体积约是上一个冰期冰盖体积的30%。一个大陆冰川会从它的原点向四面八方扩散，除了那些穿透冰面的高耸的山峰之外，陆地完全被覆盖起来。"冰盖"也指那些从一个中心点向外做放射状扩散的小冰川，就像冰岛上的那些一样。

　　世界上最大的冰盖位于南极洲大陆之上。这里的地质结构与其他大陆很相似，只不过这里的山脉、高原、低地平原和峡谷都被厚厚的冰层盖了起来，有些地方冰层的厚度达到了3英里（约5千米）（图115）。屋脊一样的纵贯山脉像一道墙把南极洲一分为二。它把东部和西部的冰盖分为东南极的主冰层和西南极的一个与格陵兰岛大小差不多的较小的冰层。冰盖层的平均厚度约1.3英里（约2.08千米），平均海拔为海平面以上7,500英尺（约2 286米）。冰盖以上17,000英尺（约5,181米）高度的光秃秃的山峰耸立在那里，风携带着飓风般的力量从盖满了冰层的山脉和高原上呼啸而过。

　　按照定义来讲，南极洲属于沙漠地区。这里年平均降雪量不到两英尺（约0.6米），换算成降水量大约为3英寸（约7.6厘米），实际上这里也是世界上降水最少的地区之一。不过在南极洲的内陆地区，降雪基本上没有融化，如此一来，只要有降雪，冰盖的厚度就会增加。干谷地区是南极洲大陆上面积最大的无冰区，它是由附近的冰盖在迈克默多山和纵贯山脉之间运动时形成的（图116）。干谷中每年的降雪量不到4英寸（约10厘米），而且绝大部分还被猛烈的风吹走。干谷中的地貌十分古老，表面一些地区非常的陡峭，而且似乎在过去的1,500万年间都没有改变过。

　　南极洲冰的总量占全世界冰总量90%以上，这里的冰川中含有的淡水占全世界淡水总量的70%。在过去的1,500万年里，虽然地球经历过比现在冷的气候，但是这里冰的总量并没有大的变化。厚厚的极地冰盖下蕴含的水体

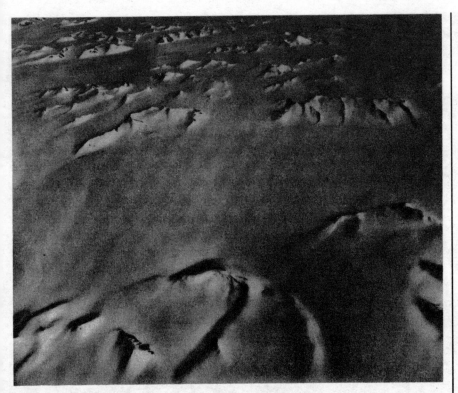

图115
南极洲半岛上的冰雪高原上的山脉被冰层严严实实地盖了起来（摄影P.D.罗雷，美国地质调查局授权）

总量比安大略湖中的湖水多得多，覆盖的面积达5,000平方英里（约13,000平方千米）以上，深度至少有1,600英尺（约490米）。在来自下面的地热能量和上面冰层的压力作用下，这些位于岩床凹陷处的水并不会结冰。

南极洲周围海上的冰层的面积在冬季的时候达到大约800万平方英里（约2,100万平方千米），比美国国土面积的两倍还要大。海冰的面积以约每分钟20平方英里（约51平方千米）的速度扩张，同时厚度会增加不超过3英尺（约0.9米）。南极地区的海冰与北极地区的不同。在北极大部分的海洋被陆地包围，使海洋变得更加稳定，冰层能够不断生长。在北极地区一些冰层在夏季也会不消失，这样只要四年的时间它的厚度就能达到原来的两倍。而在南极，海上强大的风暴能掀起滔天的海浪，搅起的海水会把冰层打破，阻止冰层进一步加厚。

覆盖在威德尔海和罗斯海上的漂浮冰架主宰着西南极。这一带的海拔通常比较低，而绝大部分的冰停留在位于海平面以下的冰川冰碛上。冰碛是水和地面上石头的混合物，在冰盖向海洋中滑落的时候起到一种润滑剂的作用。位于威德尔海南部的菲尔希纳龙尼冰架是世界上最大的浮动冰块，含有

图116
南极洲维多利亚地区上泰勒冰川区中的怀特干谷（摄影W.B.汉密尔顿，美国地质调查局授权）

截然不同的两重冰层。顶层厚大约500英尺（约150米），冰层中的冰主要由降雪形成。底层厚约200英尺（约60米），由海水结冰之后形成。淡水冰层中的冰是透明的，呈颗粒状，与冰川上部的冰层很相似。与此形成对比的是，透明的海洋冰架中的冰层具有明显的海洋特征，比如里面经常出现浮游生物和黏土颗粒。自由浮动的小冰屑在海洋冰层的下部再结晶，形成挤进固体冰层中的冰沙。

东南极地区的冰盖坐落在坚固的岩床上，因此相当稳定。而西南极的冰盖则位于海面以下，坐落在岩床和冰碛上，冰盖被附着在冰层下面小岛上的浮冰所包围。位于大陆上的冰层重量达到不可思议的程度，它使大陆上的岩床下降了近两千英尺（约600米）。冰盖的厚度如此惊人，以至于在这个地区不可能发生地震，因为巨大的重量会阻止地块沿断层方向的滑动。

北半球最大的冰盖位于世界上最大的岛屿——格陵兰岛。在大约6,000万年前格陵兰岛脱离了欧亚大陆和北美洲大陆。在大约800万年前，永久的冰层把格陵兰岛覆盖了起来，这个冰层的局部厚度有两英里以上。暴风雪时，纷纷扬扬的大雪在格陵兰岛上空飘扬，冰层的厚度随着降雪不断增加着。在冰层的边界，部分冰层会溶解掉，正好抵消了增加的这一部分。大的冰块从格陵兰岛的冰山上脱落之后漂浮在海洋中形成了冰山，威胁着在北大西洋上航行船只的安全。

在格陵兰岛上存在着一些世界上最古老的岩石。在岛上西南部偏远山区中的伊沙地层中人们发现了距今38亿年的古海洋沉积变质岩。与南极洲的情况类似，在格陵兰岛上剧烈的地震很少发生，至于原因，人们认为是由于压在地壳上冰层的巨大重量使断层保持稳定，阻止了它们之间的相对滑动。

冰岛是世界上有人类居住的最冷的地方之一，这里有北半球第二大的冰层。冰岛是位于大西洋中脊上的一个开阔的火山高原，在大约1,600万年前从海底升起。这个异常突起的地带沿着大西洋中脊延伸了大约900英里（约1,450千米），其中有大约350英里（约560千米）位于海平面之上。在冰岛南端，开阔的高原逐渐变窄，形成了一处典型的洋中脊构造。从地幔底部升起的地幔柱正好停在了这片高原的下面，使这里的大西洋中脊的熔岩流要比通常情况下大得多，使冰岛的形成得以可能。

冰岛的独特之处在于它正好位于正在扩张的山脊区域上，在这里大西洋盆地和邻近的大陆两大板块正在分离。一个两壁陡立的V形谷向北穿过了整个岛屿，这也是地表上有数的几个火山断裂带现象之一，许多火山沿着断裂带两侧分布着。由于火山作用，在冰岛上形成了被冰层覆盖的高达1英里（约1.6千米）的火山峰，而且这里的地热活动非常活跃。

虽然冰岛很幸运地拥有了这种丰富的能量来发电和取暖，但是这种好运却带来一定的危险，而且频繁的火山喷发的阴影笼罩在这片岛屿上。当代破坏最严重的一次火山喷发发生在1973年，在那次火山喷发中赫马岛上韦斯特曼纳埃亚尔镇的大部分渔村都被掩埋了（图117）。1996年，在冰岛人口稀

图117
在1973年冰岛上赫马
火山喷发造成韦斯特
曼纳埃亚尔东部的部
分房屋被火山灰掩埋
（图片由美国地质调
查局授权）

疏的西南部一个冰层下的火山突然喷发，引发了严重的洪水灾害，涌出的冰雪融水和冰山一路狂奔20英里（约32千米）直到海边，导致岛上的一个主要公路网受到严重破坏。

冰川侵蚀

在北纬度地区，大部分的地表形态都是由上个冰期时自北极运动来的巨大冰层侵蚀形成的。当时冰河作用很强大，北美洲和欧亚大陆大部分地区表面都被两英里（约3.2千米）甚至更厚的冰层覆盖。在一些地区，地壳上的沉积物被冰层一扫而光，呈现给人们的只有下面最初的基石，这个地区上整个地质学历史被彻底抹去了。

想见识冰川侵蚀的力量，就要到德普埃雷高地去看看。这个位于南达科他州的令人叹为观止的三角洲，长200英里（约320千米）、宽70英里（约

110千米），是冰川侵蚀威力的最好证明之一。这是一片形成于石英岩（变质石英砂岩）上的平缓地区，它把上个冰期时向南流动的冰川分成了两半。冰川在它的两侧运动着，施展着它的威力，但是在高地正上方并没有冰层覆盖，冰川过后，留下高地孤零零地俯视着周围。

冰川是山脉区域中最厉害的侵蚀者，它们运动在大量裸露的岩层上（图118）。山地冰川，比如阿尔卑斯山和喜马拉雅山脉中的冰川大规模地破坏着那里的山体，它们可能正在成为最有威力的破坏者。此外，山区在本地区的地质形成过程中逐渐形成了自己特有的气候，使降雪量增加，因此也为随后的侵蚀过程埋下了种子。

在冰期过程中，像现在的大陆那么大的冰川把欧亚大陆和北美洲大陆北部的许多山脉都埋了起来，而在北美洲，冰川甚至把落基山脉和墨西哥的山脉连了起来。在南半球，在澳大利亚、新西兰的山区和南美洲安第斯山区，那里山脉中一些较小的冰层不断发展变大。在全世界放眼望去，现在这些没有冰雪的山脉，当时都被冰层覆盖得严严实实。

巨大的冰川在地表上雕刻出了一些最有特色的地形，冰雪融水形成的冰

图118
位于华盛顿州斯卡吉特县荒野冰川峰中圆顶山峰东侧斜坡上的奇克敏冰川（摄影A.波斯特，美国地质调查局授权）

水沉积水流冲刷出了许多独特的地貌。冰川从山区融化消退之后，在北部大陆的绝大部分地区都有它们的活动，像用冰做的巨大的推土机一样一路横行。在山体斜坡上由1英里（约1.6千米）以上厚的冰川开凿出的两壁的陡峭峡谷，把冰川侵蚀的力量很好地向人们展示了出来（图119）。冰川侵蚀极大地改变了原来由冰川占据的溪谷的形貌。这个过程在冰川的前端演绎得最剧烈，在那里，冰川使得溪谷变得更深、更平。

在冰川搬运岩石、磨削岩床和冰川融水侵蚀等冰川侵蚀因素的作用下，地表高度不断下降。绝大多数冰川侵蚀现象都包含对岩石的拔蚀以及随后对地表的磨削过程。一些本被冰川覆盖的小山和山谷中的小丘在不断的冰川侵蚀作用下逐渐变得圆滑平坦。

冰川从山峰上向下滑动的时候，会开凿出一些很大的坑，称作"冰斗"。这个词来源于法语，原来是"圆环"的意思（图120）。冰斗是一些半圆的盆地，或者在山谷的前端，呈现锋利峭壁锯齿状的。山腹较低的一侧的岩石破碎之后，冰斗壁被削低了。嵌在冰川中的岩石将下面刻得坑坑洼洼。在冰川侵蚀作用下，邻近的冰斗不断扩张，会形成刃脊、角峰和山坳等

图119
在科罗拉多州多洛雷斯县的一个冰川侵蚀山谷（摄影W.克罗斯，美国地质调查局授权）

图120
位于蒙大拿州冰川县
冰川国家公园中西耶
冰川西部的冰斗（摄
影H.E.迈尔德，美国
地质调查局授权）

地形。刃脊，来源于法语中"鱼骨"的意思，呈顶部尖锐的锯齿状或者是刀
刃状的山脊，把邻近冰斗的源头分离开。它也会形成一个分割岭，把两个相
邻的平行山谷中的冰川分隔开。山坳是山区中一个顶部很尖的或者是马鞍形

的通道，当冰斗相遇或者相交于朝向源头的侵蚀过程时，便会形成山坳。当3个或3个以上的冰斗朝向一个共同的侵蚀点时，会形成一个三角形的山峰，叫做角峰（图121）。

冰川在岩床上面移动的时候，由于冰川对岩床的搓磨，会对岩床产生一种刨蚀作用。刨蚀作用来自于被冰川裹带着的岩石对地表的作用等。冰块本身具有易流动的特征，因此它并不对岩床构成侵蚀作用。相反，由于周围冰块的塑性特征，岩床中的部分岩石会被冰川拔出来，成为冰川中的一部分随着冰川一起运动。嵌在冰川中的大石块会在易被侵蚀的岩床上开凿出很深的刻痕。小一些的石块会在岩床上留下平行的条痕或擦痕，随后更细小的物质的摩擦作用会使这些痕迹缓慢消失。

当最后一个冰期结束的时候，洪水在陆地上泛滥，水流从被正在消融的冰川之下的巨大水库中源源不断地涌出。水在冰层下流动着，一些巨大的冰块被水挟裹着向前运动，在地壳上凿出很深的沟槽，在坚硬的岩床上形成陡峭的山脊。汹涌的冰川融水携带大量的沉积物沿着密西西比河冲进了墨西哥湾，使河床的宽度大大增加了，水流也带来了新的土壤。其他的许多河流中的河水也漫出了河岸，形成了宽阔的冲积平原。

174

冰川沉积

地质学证据表明在地球上至少发生过四次冰河时期（表13）。绝大部分大规模冰河作用的证据被发现于由冰川岩石构成的冰碛和冰碛岩中。冰碛即由冰川携带的岩石等物质构成的形状规则的沉积物，通常呈线形分布，很容易辨认。沉积物中小的如沙子那么大，大的如巨大岩石，而且沉积物中不存在分类堆积或者是分层现象，通常这意味着与流水沉积无关。

根据在冰川中位置的不同，冰碛的命名也不同。沉积于冰川底部，主要由黏土、淤泥和沙子等构成的不规则的一层冰碛称作底碛。底碛是最常见的大陆冰川沉积物。当冰川在一处停留的时间足够长，冰碛不断积累，冰川前端不断融化，会形成一个脊状堆积，这种冰碛叫做终碛。终碛是一个山脊状的冰川遗迹，由冰川最前端部分形成，沉积于冰川运动的最前沿（图122）。冰碛岩是漂砾和鹅卵石在黏土中混合后加固形成的坚固的岩石。它由冰川沉积而成，目前在各个大陆都有发现。在北美洲的苏必利尔湖地区，

表13 主要的冰期

时间（年份）	发生的事件
10，000年前~现在	目前的间冰期
15，000~10，000年前	冰盖的融化
20，000~18，000年前	上一个冰川鼎盛时期
100，000年前	绝大部分最近的冰川活动
100万年前	第一个大的间冰期
300万年前	北半球的第一次冰川活动期
400万年前	冰层覆盖了格陵兰岛和大西洋
1，500万年前	南极洲的第二次冰川活动期
3，000万年前	南极洲的第一次冰川活动期
6，500万年前	气候恶化；极地地区急剧降温
2.5亿年前~6，500万年前	比较温和而且相对均匀的间期
2.5亿年前	极为漫长的二叠纪冰期
7亿年前	极为漫长的前寒武纪冰期
24亿年前	第一次大的冰期

冰碛岩在局部地区厚达600英尺（约180米），分布范围自西向东达1,000英里（约1,600千米）。在犹他州北部发现的冰碛岩厚度达12,000英尺（约3,700米），表明那里曾经发生过一系列间隔很短的冰期。

类似的冰碛在挪威、格陵兰岛、中国、印度、非洲西南部和澳大利亚等地的前寒武纪岩石中都有分布。在澳大利亚，人们发现在二叠纪岩石中分布着冰川沉积物的夹层，而冰碛层被煤层分隔开，这告诉人们在冰河作用时期也曾经间隔出现过较温暖的气候。在南非的卡鲁系地层中，包含有一系列古生代晚期的熔岩流、冰碛和煤层，总的地层厚度达20,000英尺（约6,000米）。

美国中西部和东北部的大部分地区在上个冰期期间都有很强烈的冰川活动。许多地区都被冰川侵蚀到了花岗岩岩床层，被侵蚀掉的物质积累成了巨大的一堆。冰川带来的沉积物覆盖了地表的大部分地区，把原来的岩层埋在了厚厚的冰碛下面。冰碛物并没有分层或者混合，而是由冰川中携带的黏土和漂砾直接沉积形成的。由于没有经历河流搬运的过程，漂砾通常棱角分明，因为河流搬运过程中漂砾的棱角会逐渐被磨掉。位于冰川基底处的基碛通常被冰川埋在了下面。位于冰川表面或接近表面处的消融冰碛形成于冰块融化的过程中。表面这一层沉积物的作用可能是减少冰川吸收的太阳光。一些石块被太阳照射温度升高后有可能会溶进冰川里，在冰川深处形成凹陷。

研究最多的是最近的一个冰期，因为在上一个冰期冰层把大部分地区的地表都改变了，这样以前冰河作用的痕迹都被清理掉了。在许多地区，冰层把地表上的所有沉积物都带走了，只剩下光秃秃的岩床。在其他一些地区，原来的沉积物被沉积下来的厚厚的冰碛埋在了下面，形成了排在同一个方向的被拉长的小山丘，称为鼓丘(图123)。鼓丘又高又窄，位于冰川的上游部分以及地势较低的平坦的宽阔的冰川尾部。在北美洲、斯堪的纳维亚地区、不列颠以及其他曾经被冰层覆盖的重点地区都有鼓丘地形。在鼓丘地中的小山包可能多达10,000个，看起来就像一排排的鸡蛋并排放在一起。

在所有冰川地形中，人们对鼓丘知道得最少。冰川运动过程会使位于其下面潮湿的沉积物变形扭曲，鼓丘可能形成于这个过程中。位于鼓丘内部的沉积物常常是交错的漩涡状的一层一层的，表明它们曾受到运动冰层的拉伸和剪切。然而是什么使鼓丘呈现出椭圆形仍然是一个谜。对于北美洲地区来说，这里广阔的鼓丘地的形成可能与巨大的冰层融化时出现的大洪水有关。

羊背石，来自法语中"长羊毛的岩石"的意思，与鼓丘很类似。之所以

图123
在纽约州韦恩县纽瓦克南部的一个鼓丘 (摄影G.K.吉尔伯特，美国地质调查局授权)

用这个词来形容露出地表受到冰河作用的一些岩层，是因为这些岩层看起来就像羊的背部一样，所以用"羊背石"来命名。羊背石是受到冰河作用的岩床表面，分布着各种形状的土墩。迎着冰川运动方向的一侧受到冰川刨蚀作用，已经被磨得很光滑了。背对冰川运动方向的一侧形成了更深的凹凸起伏的陡坡，这与冰川拔蚀有关。冰川拔蚀过程就是冰川把岩石碎片拔起并搬运到其他地方的过程。在周围塑性冰流的作用下，这些碎片可能变得松动，然后被冰流带走了。把羊背石分隔为两侧的山脊方向垂直于冰山整体运动的方向。这种地形是分布在大陆内部前寒武纪地盾的典型。

凹凸不平的冰缘地带位于冰层的边缘。冰缘带具有与冰川顶部一致的造型，受到冰川的直接控制。吹在冰层上的寒冷的风影响着冰川边缘的气候，有助于形成边缘条件。这个区域受到冻胀作用、冻劈作用和分选作用等过程控制，在原来坚硬的岩床上形成了广阔的砾石区（图124）。

漂砾是经过冰川的搬运过程之后镶嵌在冰碛中或者是暴露在地面上的岩石。它们大小不一，从鹅卵石大小到巨大的岩石那么大都有，移动的距离有500英里（约800千米），甚至更远。这些砾石最初被称作"漂起来的"，因

图124
安托乃里冰川附近崎岖的冰川边缘地带，分布着收缩的冰碛和其他冰碛（摄影R.B.克尔顿，美国地质调查局授权）

为看起来它们似乎是随着流水或者是浮动的冰块漂来的。现在，冰川漂碛这个词用来表示由冰川或者冰川形成的河流与湖水沉积成的所有岩石类物质，而这些物质厚度最大的地方是在那些被掩埋起来的山谷中。

漂碛可以分为两种物质。一种由冰川沉积形成的，几乎没有或者不存在沉积物的分层和分选现象，就像是随意堆放在一起的。另外一种是分层的漂碛，由冰川融水搬运并沉积之后经过分选且分层的沉积物。沉积下来之后，冰川融水形成的水流会再次作用于这些沉积物，并把其中的一部分冰碛物带到静水区。在那里这部分物质形成具有条纹的沉积层，称作冰川纹泥。

漂砾中如果含有某种特定种类的岩石，就可以利用它去寻找这些漂砾的来源，并用来确定冰川运动的轨迹。这些具有指示作用的砾石是那些已知源区的角砾，用于确定源区的位置和冰川移动的距离。辨认他们的依据是这些漂砾独特的形状、矿物质构成或者含有特定的化石。指示漂砾的例子很多，比如从爱荷华州漂流到俄亥俄州的漂砾中，含有来自密歇根州北部地表地层的自然铜。

漂砾通常呈现出一个砾石序列，由来自同一个岩床的岩石排列成一条线或者是一列，沿着冰川运动的方向延伸。漂砾扇是成圆锥状的沉积物，其中包含有来自于扇区底部地表岩层的特征漂砾。扇区边缘张开的角度则反映了冰川运动方向变化的最大值。

蜿蜒很长的沙子沉积物称作蛇丘（图125）。它由冰川沉积水流带来的冰川碎片中的沉积物形成。从外形上看，蛇丘来回翻腾，两壁陡立成脊状分布，可以绵延500英里（约800千米）那么长，但宽度一般在1,000～2,000英尺（300～400米），极少超出这个范围，高度一般在150英尺（约46米）以下。蛇丘很可能是由位于冰层下面沟道中的水流形成。当冰川融化之后，原来流水留下的沉积物就成了一个脊状分布了。蛇丘似乎是在移动缓慢或停滞不前的冰川下面或内部的沟道中沉积形成的。它们的方向大致向冰川右侧倾斜。在冰川湖的边缘，蛇丘可能会形成河流三角洲。一些蛇丘发源于冰层上，其中可能包含一些冰核。目前已经发现的有名的蛇丘地形分布于缅因州、加拿大、瑞典和冰岛等地。

与蛇丘一样，冰砾阜形成的地区在冰川缓慢融化的过程中存在大量的粗大颗粒物。冰砾阜主要由含有层状的沙子和沙砾的冰碛构成，形成于冰川前端及其附近，或者是沉积于一个正在融化冰川的边缘地区。在冰砾阜形成过程中，一定有大量的冰川融水把冰川碎片进行迁移，并把原来的沉积物堆积在正在收缩的冰川主体边缘。绝大部分的冰砾阜是较低的不规则圆锥状土

墩，由分层不是很明显的冰川沉积沙子和沙砾层构成，通常聚集成一丛。冰砾阜通常与山谷冰川和大陆冰川的终碛区一起出现，而且它们似乎与填充静止冰川裂缝的沉积物有关。当从冰川顶层流过的水落到没有被冰川覆盖的地面上时，沉积物被堆成一堆一堆的，许多冰碛阜可能形成于这个过程中。

位于古代湖床底部沉积物中的冰川纹泥由一层一层交替排列的淤泥和沙子构成，这些淤泥和沙子年复一年地被沉积在位于冰川出口下方的湖中。当每年夏季冰川融化的时候，融水夹杂着沉积物流到了湖里面。在湖水中的沉积过程中沉积物发生了分化，形成了带状的沉积层。人们认为古代纹泥宽度的变化代表了太阳活动周期的不同时间段，当太阳黑子活动剧烈的时候地球上的气候会稍稍变暖，冰层的融化会比平常的时候更多一些。

冰川谷

知道冰川侵蚀的力量有多大吗？运动着的厚厚冰层在山脉斜坡上开挖出的那些两壁陡立的山谷就是很好的例子。冰川山谷是在冰期中发生冰河作用的河谷。在冰期中这些河谷被一英里甚至更厚的冰层所覆盖。冰川并不会对原来的山谷进行切割，只是把山谷由原来的"V"字形改变成"U"字形

（图126）。"U"形山谷的底部宽阔平坦，宽度可以达到1,000英尺（约300米），甚至更宽。冰川会把它侵蚀的山谷拉直，因为冰的黏性远大于水，不能像河流那样来个急转弯。

冰川侵蚀会把溪流山谷中位于转弯内侧的脊状突起拔掉，还会把一些耸立的突起抹平。这些突起是山脉中水平伸展过来的脊状物。受到冰河作用的山谷底部通常都是不规则的，因为冰河作用中冰层对已经破裂或者不结实岩层的侵蚀更严重，这样在山谷底部沿着山谷的方向间隔会有巨大的落差。主河流所在的山谷的源头更靠近山顶，位于其中的冰层要比支流山谷中的多。因此，流动的冰层对主河流所在山谷的侵蚀要比对支流所在山谷的侵蚀要深。冰层融化之后，支流中的河水经过主河流之上的悬谷飞流直下进入主河流，形成了瀑布（图127）。

随着沿着山谷运动得越来越远，流动的冰层在不断碾磨着山谷底部的岩石。固体冰块像一条河一样挟裹着其中的岩石沿着山谷运动，随着它的扩展和退缩像一把锉刀般碾磨着山谷底部的岩床。不可一世的冰层在沿着山坡向下滑的过程中还会在山谷底部留下平行的沟道和条纹。冰川擦痕是位于岩床表面几乎平行的沟道或者擦痕，由被冰川击碎的岩石碎片刻划出来，在欧亚大陆北部和北美洲的许多地区都能够发现这种冰川擦痕（图128）。在被冰

图126
位于加拿大艾伯塔省萨斯卡其万冰川附近受到冰川侵蚀的山谷（摄影H.E.迈尔德，美国地质调查局授权）

图127
位于加利福尼亚州马利波萨县约塞米蒂国家公园中的新娘面纱瀑布（摄影F.E.马特斯，美国地质调查局授权）

川搬运的岩石上也有冰川擦痕，是研究冰川水流运动方向的极好线索。通常冰川擦痕出现在更新世沉积层中，但是在更早一些时候的岩石中也有发现，可以追溯到前寒武纪时期的岩层中。

　　冰川作用还能开凿出峡湾。峡湾位于经过冰河作用的多山海岸地区，是一个狭长而且两壁陡立的水湾。在上一个冰期，冰川在挪威、格陵兰岛、阿拉斯加、英属哥伦比亚、南美洲南部的巴塔哥尼亚地区和南极洲等地海滨山脉中凿出了许多深深的峡湾。随着入海冰川在海岸上把山谷底部侵蚀到海平面以下，它也挖出了一个岩壁陡峭的槽形的海湾。冰期结束的时候海平面回到了冰期前的高度，海水就回灌到这些很深的槽形海湾。峡湾两侧岩壁有明显的特征：悬谷和高的瀑布。

冰川湖泊

大约13,000年前的时候，一个巨大无比的冰堤横在爱达荷州与蒙大拿州的交界处。由于它的阻挡，在上方形成了一个方圆数百英里、深达2,000英尺（约600米）以上的巨大湖泊。有一天冰堤突然开裂，湖水以万钧之势破堤而出，直奔太平洋而去。在经过的路径上，湖水冲出了地球上最奇怪的地形之一，就是大家所说的沟道火山地（图129）。在西伯利亚南部的阿尔泰山区，很可能在14,000年前发生了地球上规模最大的洪水。当时正处于上个冰期的末期，巨大的冰层正在融化。一个横跨丘加山谷的冰川形成了一个巨大的冰堤，被它挡在身后的是一个深达3,000英（约900米）尺左右、蓄水量接近200万立方英里（约830万立方千米）的大湖。当冰堤破裂的时候，由冰

图128
位于马萨诸塞州伍斯特县那舒厄河一处受到冰河作用的斜坡，顶端上有许多很明显的沟纹（摄影W.C.埃尔登，美国地质调查局授权）

川融水形成的湖水一泻千里，冲进了窄窄的河谷。

位于加拿大马尼托巴南部的阿加西湖形成于一片临近正在收缩的冰山的岩床洼地。阿加西湖是一个巨大的水库，里面储存的湖水比现在任意一个五大湖中的水都要多得多。与它相似的还有内华达州西部的拉洪坦湖，它曾经的宽度要比现在宽10倍以上。曾经覆盖了犹他州和内华达州20,000平方英里（约52,000千米）土地的邦纳维尔湖，如今是一片干燥的盐碱地。位于其中的大盐湖是如今唯一残存的水体。位于死亡谷中的一片盐碱地，是一系列湖泊中的湖水蒸发完之后的遗迹。在这些湖泊中，最大的是曼利湖，在75,000~10,000年之间它的盆地曾经被来自内华达山脉的冰川融水填满。

在上个冰期快要结束的时候，覆盖在北美洲大陆上的冰层正在不断消融收缩，绝大部分的冰雪融水进入了密西西比河。有时候，位于冰层之下冰雪融水形成的巨湖中的湖水会破冰而出，会像突然爆发的洪水一样势不可挡地沿着河谷进入墨西哥湾或者是大西洋，其中的水量相当于整个密西西比河的数倍。当在冰层下运动的时候，水流在动荡不安的巨大冰层中激流猛进，能在地表上冲刷出深深的沟槽，在岩床上形成陡立的脊状地形。偶尔冰川融水形成的水流能把比较疏松的岩层破坏掉，从而把冲刷出的沟槽挖得更深。

当正在收缩的冰层越过由冰川开凿出的五大湖上方时，冰雪融水沿着另外一条单独的道路进入了圣劳伦斯河。这些冰冷的水进入北大西洋之后促使气候又回到了与冰期相仿的状况，冰层的融化也暂时停止了，这个时期称作新仙女木时期，是以一种北极地区野花的名字命名的。在同一个时期，尼亚加拉瀑布群开始扩张自己的地盘。从冰层开始消融收缩以后，它已经向北扩张了5英里（约8千米），向下刻蚀岩床的速度达到了每年3英尺（约0.9米）。

在大陆北部的大部分地方都分布着冰川湖泊，它们是由冰川开凿出的大坑发展而来的。一个最初被冰山融化后形成的冰水沉积物所掩埋的冰块融化之后会形成一片洼地，这片洼地随后会形成较小一些的湖泊，称作锅穴（图130）。这些较小的湖泊来自于被冰水沉积物所掩埋起来的巨大冰块。形成的洼地一般是圆形或者是椭圆形的，因为冰块在融化的过程中不断变得浑圆。洼地的直径能达到10英里（约16千米）甚至更高，深达100英尺（约30米）或以上。但是现在并不是所有的锅穴都是有水的，在没有水的一些锅穴里长满了高大的树丛，不过会逐渐下落到地平线以下。

绝大部分的锅穴单个存在或者是成群的出现。大量的锅穴聚集在一处就会形成一种隆起和盆地共存的地形，称作丘洼地形。这种地形的特点就是一系列的小山丘、土墩或者山脊与洼地和锅穴交替排列，有时还会出现沼泽地和池塘。这种起伏地形是终碛的一种，可能形成于冰川后退过程中冰山前端的轻微震荡。丘洼地形的一部分叫做丘状冰碛，形成于一个活动冰山的前端或者是静止冰山的周围。

图130
在阿拉斯加州南部彼得斯堡地区托马斯海湾巴里德冰川终点附近砾石层中的锅穴（摄影A.E.布丁顿，美国地质调查局授权）

位于美国和加拿大交界处的五大湖是最大的冰川湖泊群。现在每年有大量的沉积物从陆地上进入这些湖泊里，使湖底不断升高的同时使湖水不断变浅。在未来的某个时期，这些湖泊将被沉积物彻底填平，成为干燥且平坦的毫不起眼的平原地区。直到某一天，冰川重新把它们挖掘出来。

流动的冰河

现在在北美洲大陆上，共有接近200个的冰川激流正在向海洋运动。在存在的绝大部分时间里，冰川激流活动都很正常，像蜗牛一样每天只移动两英寸（约5.1厘米）左右。但是每隔10到100年的时间，冰川激流会向前激进，速度达到正常水平的100倍以上。最惊人的例子是冰岛上的布鲁阿尤库冰山，它曾经在一年当中前进了5英里（约8千米），移动的速度有时甚至达到了每小时16英尺（约5米）。哈柏冰山在85年当中曾经以每年约200英尺（约60米）的速度稳定地向阿拉斯加湾运动（图131）。然而，在1986年的6月，这座80英里（约120千米）长的冰川一天之内向前猛进了46英尺（约14米）。近些年，它在不断收缩，很可能是因为这一轮的全球气候变暖。

冰川激流通常像一道巨浪一样沿着冰川发展，一节连着一节向海洋延伸。虽然冰川激流可能受到气候、火山热量和地震等的影响，但是其真正形成原因还不清楚。不过冰川激流总是和一般的冰川存在于同一个区域，而且总是彼此挨着的。例如，1964年的阿拉斯加大地震并没有导致冰川激流比平时有所增加。

在南极洲，人们认为冰川下面大片平坦区域是冰川下的湖泊，由于受到来自地球内部的热量而没有结冰。冰面下1英里（约1.6千米）处的温度可以比冰面顶层的温度还要高。再加上位于冰层之下这么深的地方，压力之大使液态的水可以存在于正常情况下冰点以下好几度。液态的水对流动的冰川起到了润滑作用，有助于冰川沿着山谷进入海洋，在那里它们分解之后形成了冰川。在这些液态水的帮助下，宽达数英里的冰川平滑地沿着山谷底部滑动着。

在南极洲中央山脉的一座山后面，冰河缓缓地向外流动着，沿着各个方向进入海洋。冰河沿着山谷进入位于冰层之下的西南极洲群岛和罗斯海、威德尔海中漂浮着的巨大冰架上。数英里宽的冰块形成的巨流横跨西南极洲，在那里固体冰块构成的冰河沿着山谷进入海洋中。位于底部的冰雪融水形成的泥泞水池对冰块巨流起到了润滑作用，使冰块巨流顺利地沿着山谷滑动着。

冰块巨流的边界和内部的标志就是深深的裂口。冰川裂口是由运动过程中应力导致的出现于冰川中的裂纹或者裂缝。通常这些裂口数十英尺宽，

图131
位于阿拉斯加州阿拉
斯加海湾一带亚库塔
特地区拉塞尔海湾的
哈柏冰川（摄影奥斯
丁波斯特，美国地质
调查局授权）

深100英尺（约30米）或以上，长度可以达到1,000英尺（约300米）甚至更长。冰川的边界通常交汇于很深的裂口处，在那里与冰川山谷壁相交。裂口在冰川中也会平行地沿着整个冰块巨流的方向延伸，特别是冰川的中央部分运动得比外边的部分更快。雪桥时常跨过裂口，偶尔还会把裂口遮盖起来。有时能够听到在一个冰川中开着的裂口深处哗啦啦的流水声。

冰川地貌

地球上最贫瘠的环境是北美洲和欧亚大陆上的北极苔原带。苔原带位于地球的最北端，成带状分布，占据了森林线以北永久冰层以南地区，占世界上陆地面积的14%。北极苔原带地区的土地绝大部分是永久冰冻带，只有顶层的几英寸在短短的夏季会解冻。

虽然在短暂的夏季苔原带每天24小时都是白天，但是土壤的温度基本上达不到冰点以上，因为在土壤解冻的过程中要吸收周围的热量。北极苔原带也是生态最脆弱的地区，一些轻微的扰动比如像石油开采活动中交通工具的痕迹等，都能对那里造成严重的破坏，需要数十年才能复原。

在苔原带的许多地区，土壤和岩石排惊人地排列成美丽而又有序的图

图132
在阿拉斯加州巴罗地区阿拉斯加海北部巴罗海岸附近的地表图案（摄影T.L.皮威，美国地质调查局授权）

案，这些图案已经困惑了地质学家几个世纪。每年夏季到来的时候，雪层退去之后苔原地区会展示出非常奇特的现象。随着地面逐渐解冻，不同种类的岩石排列成蜂窝一样的网状结构，使地表看起来像瓷砖铺的地面一样（图132）。这种图形在绝大部分靠北边的地区和高山地区都能发现，在当地土壤存在的环境中空气湿度很大，而且发生有季节性的冰冻和解冻。多边形中小的有几英寸大，包含一些小鹅卵石；大的有30~50英尺（约9米~15米）宽，是一些较大的砾石在土墩周围形成的保护环。

北极地区这种规则的多边形结构可能形成于土壤的运动过程中。含有不同成分的土壤向上会运动到土墩的中央，向下会运动到砾石的下面，呈现出对流的运动形式。土壤中颗粒粗大的部分，包括砾石和砂砾等，呈放射状逐渐被从中央部位向外推。这样在中央只剩下了一些较细小的颗粒物。石块的这种排列方式表明土壤是被对流作用搅动起来的。

在北极地区的土地上其他的地质特征有阶梯、条纹、网格结构等，这些位于圆环和多边形之间。这些其他图形的半径可以达到150英尺（约45米）。在先前的永久冰冻地中曾发现宽达500英尺（约150米）的古代地表图案遗迹。甚至在火星上，航空器也发现有沟状环、多边形结构以及在表面冰层上的各种图案。这些特征还有其他许多神秘的图案使北极成为地球上最引人注意的地区之一。

在结束了有关冰川现象的讨论之后，下一章我们要开始我们的地下之旅，去那里看看岩洞和其中的地质结构。

9

地穴与溶洞

探索地表下的世界

在这一章中，我们将会看到地面之下的地质构造，包括洞穴和相关的地质特征。可能除了洞穴之外，没有哪一种地质结构能给人们留下那么多想象的空间，因为毕竟这些洞穴是我们远古祖先们曾经的栖居地。早期的地质学家们认为大陆是被巨大的地下洞穴破坏掉的。这些洞穴坍塌之后造成海水倒灌，引发了史上的大洪水。洞穴也一直被人误解，关于它们有着各种各样迷信的说法。

一些洞穴就像巨大的迷宫一样，人在里面很容易迷路。许多洞穴里面住着无数的蝙蝠，而这也增加了人们对洞穴的误解。通常人们对进入洞穴常常会感到恐惧或者是紧张不安，主要是因为那里漆黑一片，没有一丝光线，而且空间狭小，令人感觉十分压抑。其实撇开这些恐惧，业余探洞者，或者像他们自称的探洞者，对于洞穴有着狂热的激情，他们对于探索地球深处的秘密显得急不可耐。

洞穴的形成

洞穴，是地下水最壮观的作品。在可溶性碳酸盐岩层比如石灰石岩层中形成的洞穴，充分向人们展示了水流的分解能力。除了最常见的石灰石岩层中的洞穴，在白云石和石膏岩层中也能形成洞穴。方解石是一种碳酸钙岩石，是石灰石中最主要的矿物质成分。它能够溶解在水中，形成包括溶解在水中的二氧化碳等物质。另一种形式的方解石——石灰华，是一种在洞穴和碳酸盐温泉中很常见的物质（图133）。

雨水渗透通过沉积物层并与二氧化碳反应形成弱酸—碳酸。此外，如果上层岩层中含有黄铁矿，矿物质中的硫元素会被雨水氧化并生成硫酸。生成的这些酸性物质通过下层岩层中的裂缝向下渗透，会把石灰石和白云岩中的主要矿物质成分——方解石或白云石溶解掉。这种反应使裂缝的口子变得更

图133
怀俄明州黄石国家公园中的马默斯温泉
（摄影W.H.杰克逊，由美国地质调查局授权）

大，从而为更多酸性水流的进入开辟出了一条路径。绝大部分矿物质的溶解发生在地下水位的顶层，在那里地下水和从上面岩层中渗透下来的水混合在了一起，这种混合物对岩石的溶解能力比单一种类水流要强得多。

因为受到溶解石灰石的化学反应和基面位置的影响，洞穴的形状、结构或形态有着万千变化。基面就是水流在一个区域流动的水平面，它会受到附近地区河流水位变化的影响。在地下水位顶部附近形成的洞穴会受到基面的影响。基面对洞穴的走向也有很大影响，即使在地形相当复杂的地区也是如此。

由于地下水基面的变化，洞穴中不同时期形成的通道的高度也不同。位置较低的通道可能开始形成于地下水位的下方，地势较高的通道可能形成于地下水位的顶部。不同高度的通道由深达数百英尺的竖直井道连接起来。这些井道被称为穹顶深坑，它们出现于洞穴形成过程中较晚的阶段，当雨水滴进位于低处的地下水位时。

洞穴中通道的形成过程受到不同地质条件的影响，比如存在于洞穴中不同区域的断层和褶皱。最富于变化的洞穴地形出现在褶皱岩层中。在局部地区，岩层发生褶皱，被向下挤压形成向斜。其他的岩层也发生褶皱被向上挤压形成背斜。许多形成于向斜和背斜附近的洞穴中的通道笔直且相互平行。这些通道顺着褶皱的轴线沿着褶皱的走向延伸，向结构下沉的右方倾斜。绝大多数的洞穴中地面位于同一个高度，但是许多位于山顶附近的洞穴中包含有几个高度不同的通道平面。这些通道被一些沿着褶皱沉积物层倾斜方向更短的一些通道连接起来。

水平地面中的岩层组成是影响洞穴形成过程的另一个重要因素。洞穴的走向和内部结构很大程度上受到地质结构、水文条件和岩层结构等的控制。如果一个洞穴形成于褶皱的中间部位，那么就会形成迷宫似的通道。与褶皱的边缘部分相比，背斜和向斜的中间部位更不牢固一些，对于能够腐蚀石灰石的水流来说这里更容易通过一些。在没有发生褶皱和翘曲的岩层中，节理处或者断面对于洞穴通道的形成也起着很重要的作用。

在地下水位季节性波动的地区，通过沿着节理面对石灰石的溶解也能形成洞穴。它们的形成依赖于地下通道，渗透来的地下水通过这些通道。与地面之上由分散的水位形成一股水流一样，在这里也会形成一股地下水流。在海崖中同样能够形成洞穴（图134）。海浪持续不断的撞击，或者是地下水流通过海面之下中空的石灰石岩层进入海洋时的不断撞击，会在海崖中形成一个洞穴。海洋中的拱形结构，比如伊利湖西部的针眼结构，就是由海浪的

作用在不同硬度的海角地区形成的。

　　一些洞穴形成于地壳岩石的构造运动中。另外一些洞穴由风化作用形成，比如岩石的破碎。在砂岩的外部会有很多较小一些的洞穴。在犹他州的莫阿布地区的红色砂岩建造中也形成一些洞穴。在这些天然的或者是人工开凿的洞穴之中建造的房屋隔热效果非常好，能够基本上保证全年恒温。

喀斯特地形

　　在世界上大部分地区的地表之下都分布着石灰石和其他可溶性物质。当地下水通过这些构造层的时候，把可溶性的矿物质溶解掉之后就形成了溶洞或岩洞。当某一天覆盖在这些洞穴之上的地表层突然垮掉之后，就形成了一个很深的沉降洞穴（图135）。通常这些沉降洞穴宽300英尺（约90米）以上，深100英尺（约30米）以上。在其他的时候，地表的变化非常缓慢，而且没有什么规律。

　　由于地表之下的可溶性矿物质被溶解掉在地表上形成的大坑导致出现一些坑坑洼洼的地表形态，称作喀斯特地形。喀斯特这个名字来源于位于斯洛文尼亚海滨的喀斯特地区，当地以拥有众多的洞穴而闻名于世。喀斯特地形通常存在于降水程度比较充沛的地区。在全世界有将近15%的地表属于喀斯特地形，其中的洞穴数以百万。虽然沉降洞穴的形成属于自然过程，但是人类对水资源的利用和再排放通常会加速这个过程。

在美国，喀斯特地形和洞穴主要分布在东南部和中西部。在东北部和西部的部分地区也分布有喀斯特地形。在阿拉巴马州，一半地表之下是石灰石和其他可溶性沉积层，成千上万的沉降洞穴对高速公路和其他建设项目构成了严重威胁。在佛罗里达州，地表面积中1/3的地表下不太深的地方就是被侵蚀过的石灰石岩层，在那里沉降洞穴是一种很常见的现象。

地表的下陷对于那些建造在由可溶性矿物质形成的洞穴之上的建筑物来说是一种严重的灾难。这种现象一个非常典型的例子于1967年5月22号发生在佛罗里达州的巴托，当时正巧位于一座房屋之下的一个长520英尺（约160米）、宽125英尺（约38米）的沉降洞穴发生了坍塌（图136）。1995年12月12日，在加利福尼亚州的旧金山市一个下水道发生破裂，导致出现一个有10层楼那么深的沉降洞穴，一栋价值上百万美元的房子被这个洞穴吞噬掉，还危及附近的数十座房屋。

图135
位于怀俄明州韦斯顿县米恩德卡塔石灰石岩层中的一处沉降洞穴（摄影N.H.达顿，由美国地质调查局授权）

图136
1967年5月22日在弗罗里达州巴托的一座房屋之下出现的一个长520英尺（约106米）、宽125英尺（约38米）、深60英尺（约18米）的沉降洞穴（图片由美国地质调查局授权）

　　喀斯特平原是一片平坦的地区，喀斯特地形特征存在于附近的水平石灰石岩层中。盲谷是喀斯特地形中的一个河谷，它结束于河流突然进入地下消失的地方。而这个地方，被称为溶沟。在降水量非常大的情况下，盲谷可能会形成一个暂时的湖泊。由几个相近的沉降洞穴合并之后形成的一种盲谷被称作喀斯特谷。一般沉降洞穴都会被水填满，然后成为永久性的小湖泊。

　　位于佛罗里达州东南部的巴哈马群岛附近浅海域中有一些被海水填满的沉降洞穴，面积比较大，而且颜色比较深，称作蓝洞。蓝洞形成于冰期，当时海平面比现在低数百英尺，部分海底暴露于海平面之上。酸性的雨水渗透入地下，把石灰石岩床溶解掉，形成了巨大的地下洞穴。在地表岩层的压力之下，这些洞穴的顶部发生了坍塌，使许多洞穴连在一起而形成的大坑暴露出来。在冰期快要结束的时候，冰川开始融化，海平面上升到接近现在的水平，这些区域又重新被海水淹没。围绕着蓝洞，有许多令人恐惧的传言和迷信的说法，因为在蓝洞周围经常会出现很强的漩涡和涡流，在涨潮或者退潮的时候能够把一些小船给打翻。

　　位于墨西哥犹加敦半岛丛林中的喀斯特地形形成了一片由巨大的水下溶

洞和沉降洞穴构成的区域，这些洞穴之间由错综复杂的通道相连接。当地表上的石灰石构造层坍塌之后，这个位于丛林地面之下的水下世界就暴露了出来。这些沉降洞穴给人们提供了一条通往地球表面之下100英尺（约30米）深的巨大地下世界的通道。

地下的石灰石岩层就像一个巨大的蜂窝，里面的通道长达数英里，巨大的岩洞装下数间房屋不成问题。像位于地面之上的洞穴一样，犹加敦半岛上的岩洞中也布满了冰柱状的形成物，悬挂在洞顶上的钟乳石和地面之上的石笋随处可见。这些形成物也包括一种易碎且中空的钟乳石，叫做管状钟乳石。这种钟乳石的形成过程需要上百万年，但是一些过路的司机一不小心在瞬间就能把它们毁掉。在洞穴中最黑暗的角落里，生活着一些生物。由于这样的环境中视力没有用处，进化使它们丧失了视力。这样的洞穴可以说代表了一种全新的生态系统，里面的生物都是人们以前没有见过的。

在罗马尼亚南部位于地下60英尺（约18米）的莫维尔洞中，栖息着一些以前人们没有见过的奇特生物，包括蜘蛛、甲虫、水蛭、蝎子和蜈蚣等。这个洞穴是一个封闭的地下生态系统，它与地面隔绝，依靠地球内部释放的硫化氢来获取养分。位于食物链底端的细菌通过一种化学合成过程会把硫化氢分解掉。

在过去的500万年里，栖息在这个洞穴里的生物不断进化着。由于没有一丝光线，氧气含量也极低，这里的生物没有色素沉积，而且丧失了视力。在洞穴的上方是150平方英里（约400平方千米）的干燥的乡村地带，洞穴开始形成于大约550万年前黑海海平面急剧下降的过程中。当海平面再次上升的过程中，洞穴在石灰石岩层中不断扩展着。黏土填满了石灰石，把洞穴和海水隔离开来；在冰川时期厚厚的一层风生沉积物又沉积在石灰石岩层的表面。这样洞穴就变成了一个与世隔绝的独立环境。

在洞穴中的其他生物包括一些菌落。这些菌落与比亚埃尔莫萨以南40英里（约64千米）墨西哥塔瓦斯科省一处岩洞中的菌落明显不同。一层白色的黏土覆盖在岩洞的洞顶和岩壁上，从上面滴下来的水的酸性比蓄电池酸液的还要高。生存在黏土中的细菌靠吸取硫作为能量来源，并分泌出硫酸。在这个数英里长的洞穴内，以硫为基础的独特的生态系统中，这种细菌就成了生物链的最底端。

在那里单位面积内地下微生物的数量可能接近于地表之上所有生物的总和。它们能够生存在大陆地壳2.5英里（约4千米）以下和海洋地壳4英里

（约6.4千米）以下的地方。再深一些的地方，岩石的温度就非常高，很可能已经不再有生命存在。这些微生物的存在表明在地球深处也可能是生命起源的地方。在这里生物体能够免受地表之上恶劣生存条件的影响，在那里任何生命体的进化很可能以被烤焦而结束。

在洞穴的深处，人们发现了很久以前被裹进树液化石或琥珀中的孢子。据此推算，一些微生物可能已经存在了1.35亿年之久，赶上了恐龙时代的鼎盛时期。在一些盐类晶体中发现的年代更久远的孢子甚至可以追溯到2.5亿年前。当生存受到威胁的时候，许多细菌和真菌能够把自己变成生物时代密藏容器一样的物体，直到环境变得适合生存。孢子这种微生物也停止了运动、进食和繁殖。这样，外界环境对它们起不到任何破坏作用，而它们能够在长期没有水或者没有空气的环境中生存下来，即使最恶劣的环境也不能使它们灭绝。

天然桥

形成洞穴的过程同样能够形成天然桥（图137）。天然桥和拱形是地球上最有魅力的地质构造之一。天然桥是一段狭窄不间断的岩石拱道，通常横跨在河谷或者山谷上方。在犹他州和亚利桑那州交界处鲍维尔湖附近的彩虹桥，是世界上最大的天然桥。在过去的几年时间里，有部分石块从上面脱落到地面上，这让人们不禁担心桥的强度不断变弱，有可能会整体垮掉。这里是一处重要的国家保护区，巨大的天然桥拱形下面禁止游客通行。

天然桥的形成原因非常复杂，需要多种过程共同作用。天然桥是在侵蚀和风化共同作用下在一些比较牢固的岩层（如砂岩和石灰石岩层）中形成的产物。这些岩层种类不同，对侵蚀的抵抗程度也不同。一些岩层非常坚硬，能够抵抗化学和力学侵蚀，而另外一些岩层则很容易就被风化和侵蚀掉。如果一层耐侵蚀的岩层位于一层疏松的岩层之上，它就形成了一个保护盖。当一个垂直的节理或者断层穿过疏松的岩层的时候，水流从中通过，疏松的岩层会逐渐被侵蚀掉，从而把耐侵蚀岩石层下面掏空。

一些天然桥在砂岩中形成，由于大块岩石的坍塌，或由于一点点的剥落过程，造成顶部部分垮塌。当顶部只剩下孤零零的很窄的一部分时，就形成了一座石桥。洞穴顶部发生坍塌的地方通常位于相互连接的节理处。来自地表的水流可能会顺着这个节理处流进岩石并从中通过。这样，慢慢的节理处的裂缝会逐渐变宽，把岩石最顶层下面的部分掏空，形成一个天然桥。

图137
位于犹他州布赖斯谷
国家公园南端沃萨奇
构造层中的天然桥
（摄影R.G. 卢埃德
克，由美国地质调查
局授权）

在石灰石岩层或者白云石岩层中形成的天然桥，是通过对下层抗侵蚀能力较差岩层的化学和力学风化侵蚀过程完成的。绝大部分的这种天然桥形成于比较窄的山脊上。通常情况下，来自天然桥表面的水流会沿着垂直的节理处渗透下来，使天然桥下面的开口在溶解风化作用下变宽。位于天然桥下面的通道实际上是某个石灰石岩洞的一部分。它的形成依赖于天然桥两端中任何一端岩层的不断溶解，在这个过程中山脊在侵蚀作用下变得越来越窄。

当一块分立的巨石落下来或者发生倾斜倒在另外两个巨石堆之间，把它们连接起来之后，会形成另外一种天然桥。在石灰石岩层地区，地下水流的溶解作用能够开凿出一些通道，最终使得通道上方的岩层坍塌而形成了天然桥。在美国这种石桥中最有名的是位于维吉尼亚州的天然桥（图138）。在四处流动水流的侧向侵蚀作用下，形成了许多的石拱，逐渐地在岩层中形成了天然桥。另外一些较小的石桥或者石拱则与沉降洞穴有关。人们发现就连石化的树干也能参与到天然桥的形成过程中。在冰川中也有许多横跨过裂缝的雪桥。

图138
位于维吉尼亚州洛克
布里奇县的天然石桥
.（摄影J.K.希勒斯,
由美国地质调查局授
权）

　　在许多干旱地区有很多壮观的石拱门（图139）。在这里，石拱的意思是指一块横跨过一定距离的岩石，而且在它下面也没有水流流过。在犹他州的莫阿布地区附近的拱石国家保护区有大量的石拱，是到这个公园来的游客们的必访之处。由于不同岩层抗侵蚀能力不同，受侵蚀的快慢也不同，就形成了这种石拱。在石拱形成过程中，砂岩岩床的风蚀也起到了一定作用。先是降水使地表附近的沙层变得疏松，然后风就把已经疏松了的沙粒吹走。在雨水的风化作用和风蚀的联合作用下，岩层被不断磨蚀着，像喷砂过程那样在已经被削弱的构造中打开缺口。

石灰石溶洞

石灰石形成于溶解在海水中的含碳矿物质的生物与化学沉积过程。由水和大气中的二氧化碳发生化学反应生成的碳酸会把岩石表面的钙和硅石等矿物质溶解掉，形成碳酸氢盐。这些碳酸氢盐随后进入河流并被带到海洋里，在那里与海水发生混合，通过生物活动或者直接的化学过程沉积下来。有机物利用这些碳酸氢钙形成了自身由碳酸钙组成的硬壳和骨骼。这些有机物死亡之后，它们的骨骼沉到了海洋底部。在那里，碳酸盐作为一种含钙的软泥存在，构成了厚厚的碳酸盐岩层。

最常见的碳酸盐岩层是石灰石，地球表层10%的岩层是由它构成的。通常石灰石是由生物活动过程沉积下来的，这一点已经被在石灰石岩床中发现的大量海洋生物化石证实。有一些石灰石是由海水通过化学过程直接沉积下来的，还有少量石灰石是由蒸发过程沉积下来的。白云石是一种与石灰石类似的岩石，把石灰石中的钙元素替换成镁元素就成了白云石。与石灰石岩层相比，白云石岩层的抗酸性侵蚀的能力更强，欧洲那些雄伟的多洛米特山脉

图139
犹他州加菲尔德县在纳瓦霍砂岩中位于凯恩塔砂岩之上的哥特式石拱（摄影H.E.格雷戈里，由美国地质调查局授权）

199

正是由白云岩构成的。

　　白垩土是一种易被侵蚀、疏松多孔的岩层。在白垩纪，厚厚的白垩土岩层被沉积下来，而这也是白垩纪得名的由来。"白垩"这个词语来源于拉丁语。位于英格兰萨福克海滨地区的宽厚的白垩土海岸在过去的几个世纪里被海浪不断地削减着。一次大规模的风暴能够把高耸的海崖削去数十英尺。当海浪很猛烈的时候，能够在白垩土海岸中开凿出一个缺口，形成一个海峡。

　　在很长的时间里，地下水流大规模地不断地溶解着石灰石岩层，形成了一个由过道、大厅和走廊形成的地下系统。之所以具有不同的形状，是因为这些洞穴形成的地区可能具有不同的地质学、水文学和岩层结构。乔治亚州的安维尔洞面积只有18英亩（约0.07平方千米），而其中的通道长度达12英里（约20千米）。有许多洞穴里面分为好几层，而有一些只是一个垂直的洞穴。乔治亚州艾里森洞穴中的通道长度有10英里（约16千米），垂直落差有1,000英尺（约300米）以上，是世界上最深的洞穴之一。肯塔基州的马默斯洞穴体系长度居全世界之首，里面分为六层，已经探明的通道长度就达300英里（约480千米）以上。每一层里面绝大部分的通道位于把不同岩层分割开来的基层中。

图140
新墨西哥州埃迪县卡尔斯巴德岩洞国家公园赫丁穹顶和太阳神庙，拍摄于1923年（摄影W.T.李，由美国地质调查局授权）

　　位于新墨西哥东南部的卡尔斯巴德岩洞分布在一片石灰石岩层中（图140）。这里的石灰石岩层地区以前曾经是类似于澳大利亚大堡礁那样的大片珊瑚礁。洞穴的主要部分由在整个构造层中基本没有发生变化的大片石灰石岩层构成。洞穴的第二部分成层状，形成于从石灰石岩层主体和上层构造层中侵蚀掉的一片一片的岩石中。最大的三个洞穴分布在两部分的交汇处，因为这里刚好有一层地下水不能透过的岩层。地下水位在洞穴形成过程中不断发生变化，导致在洞穴中形成了许多层。

熔岩洞穴

　　熔岩就是熔化的岩石，或者叫做岩浆。到达火山口之后或者遇到地表上的裂缝时，熔岩会顺着地表流动，这时基本没有喷发。与在水平方向的扩展相比较，熔岩流是平坦的薄层，像一堆火焰一样向前推进。熔岩流的大部分形状取决于它流经的地形。在比较平坦的地区，熔岩流一般是水平状的，而在沿着火山的西坡地形上，熔岩流能够不断凝固，积累到相当大的厚度。厚度在300英尺（约90米）以上的熔岩流是很少见的。在夏威夷群岛，单个熔岩流的厚度在10～30英尺（约3～9米）之间。

　　产生熔岩流的岩浆移动速度比较慢，岩浆里的可挥发物和气体很容易就逃逸出来。这个过程形成的喷发要安静温和得多，就像现在夏威夷群岛上的火山喷发一样。熔岩大部分由玄武岩组成。玄武岩为黑色，含有大约50%的硅石，而且流动性非常好。绳状熔岩由流动性非常好的玄武岩形成。当熔流表面薄层凝结成为一个塑性的表层，就形成了绳状熔岩。随着下面的熔岩流不断流动，塑性表层被铸造成波浪形的或者像绳索那样不断起伏的形状。当熔岩最终凝固的时候，表层保持了原来的形状。

　　一些流动性很好的熔岩流移动得很快，特别是沿着一个陡峭的火山坡运动的时候。流动的速度还要由熔岩凝固的速率以及凝固需要的时间决定。绝大多数熔岩流移动的速度与人们平常步行的速度差不多，大约为每小时10英里（约16千米）。有一些熔岩流的速度特别慢，就像蜗牛一样，而另外一些跑得快的速度可以达到每小时50英里（约80千米）。那些厚度很大的熔岩流移动非常缓慢，完全凝固需要的时间可能长达几个月甚至数年。

　　如果一股熔岩流的表层已经凝固而下面的岩浆仍在流动，就会形成一个长长的通道，称为熔岩管道或熔岩洞穴。它可以宽达数十英尺，长达数百英尺。在一些比较长的洞穴中，长度可以达到12英里（约20千米）以上。熔岩洞穴极好的例子是位于加利福尼亚州东北部的莫多克熔岩和爱达荷州的月面陨石坑（图141）。洞穴可能被从裂缝里面冲进来的火山碎屑物与沉积物部分填满或者完全填满。有时熔岩洞穴的洞壁和顶部会出现一些钟乳石，而且地面上会布满由熔岩沉积物构成的石笋。

在阿拉斯加、加利福尼亚、俄勒冈、华盛顿和夏威夷等地的火山地区，与火山有关的地表下陷通常是由一些较浅通道的坍塌引起的。如果一个熔岩通道的顶部坍塌，会在熔岩流表面形成一个环形的或者椭圆形的塌陷区。一个很好的例子是位于新墨西哥州的熔岩流，那里的塌陷区长1英里（约1.6千米），宽达300英尺（约90米）。月球表面的沟纹是像壕沟一样的峡谷，看上去很像坍塌的熔岩通道（图142）。地球表面的熔岩通道与月球表面以及其他行星和卫星表面的沟纹非常相像。

冰成洞穴

冰岛是大西洋中脊在海平面上的隆起带，横跨裂缝的两侧，那里火山喷发活动非常频繁。冰岛上的火山作用形成了被冰山埋在下面的火山峰，可以有1英里（约1.6千米）那么高。在1918年，一次位于冰川下的火山喷发引起了一场由冰雪融水形成的大洪水，称作冰川爆发。在数天内来自冰川下面火山喷发引起的洪水量相当于世界上最大河流亚马逊河水流量的20倍。

在1996年9月30日，在冰层下面发生了一次规模相近的火山喷发。1,700

图141
爱达荷州月面形国家保护区中的月面熔岩区中的石桥（摄影H.T.斯特恩斯，由美国地质调查局授权）

图142
月球表面的伊纪努斯
陨石坑与伊纪努斯沟
纹（摄影D.H.斯考
特，由美国地质调查
局于美国航空宇航局
共同授权）

英尺（约520米）厚的冰层被融化掉，一个月之后喷发形成的大洪水和冰山势不可挡地冲进了大海，在短时间内就形成了世界上第二大河流。这次火山喷发毁掉了电话线、三座桥梁以及围绕冰岛西南部海岸地区唯一的一条公路，造成了约1,500万美元的损失。在20世纪的后半段，冰岛上至少发生了13次冰下火山喷发。自从12世纪以来，冰岛上的居民对于这种被称作尤库劳普斯的大洪水已经习以为常了。

冰川爆发就是短时间内从冰川或者是冰川下面的湖中突然释放出大量的冰雪融水。冰雪融水先在冰层边缘的洼地中汇集起来，然后会在某个时间破冰而出，有时会形成灾难性的大洪水。冰雪融水的汇集和爆发几乎有规律地发生着。这种现象在冰岛最常见，通常伴随着火山或者喷气活动。地热能量可以在冰层下面形成一个由冰雪融水形成的深达1,000英尺（约300米）的巨型水库。岩石构成的山脊像大坝一样拦着这些水。当大坝某天突然裂开，水库中的水便奔腾而下，水流能在冰层下面形成一个长达30英里（约48千米）的通道。

在南极洲，巨大的冰盖下面掩埋着许多火山。在冰层下面1英里（约1.6

千米）甚至更深处的火山喷发会形成冰雪融水构成的洪水。在西南极，一些火山活动能够穿透冰层。南极洲上的许多死火山被埋在了冰层下面，在冰盖下面有大量的沉积物。当冰层下的活火山喷发的时候，会融化冰雪引发洪水。洪水与沉积物混合之后，能够形成数十英尺厚的冰碛。

　　在南极洲罗斯海冰架上有一处约4英里（约6.4千米）宽、160英尺（约49米）深的圆形洼地。只有冰川下面的火山喷发才能把这么大面积的冰层融化掉。利用雷达穿透冰层，发现在冰层1英里（约1.6千米）以下的位置有一座4英里（约6.4千米）宽、2,100英尺（约640米）高的火山。这个火山坐落在位于一个裂缝峡谷中14英里（约23千米）宽的巨大火山口中。沿着裂缝，地壳正在被分开，炽热的岩石正从地幔向地表运动。从冰下火山喷发中形成的水流会导致冰川爆发。卫星图像显示在冰层上还存在其他的圆形洼地，意味着在冰层下面还掩藏着更多的火山。

　　由冰川流出来的冰雪融水会经常在冰层中开凿出一个冰洞，溯流而上会发现冰洞延伸很长一段距离（图143）。通常通过冰层的裂缝中能够听到冰川下面的水流声。流速很快的水流把大量的沉积物带到冰川嘴并在那里沉积下来（图144）。它们会形成冰川纹泥，由黏土和沙子年复一年地交替排列着沉积在冰川出口下方的湖中。每个夏天到来的时候，冰川开始融

图143
南极洲罗斯海冰架上的一处冰洞（摄影W.J.柯林斯，由美国海军授权）

图144
从蒙大拿州的冰川国
家公园中流出的冰川
融水（图片由美国国
家公园管理处授权）

化。汹涌的冰雪融水涌进了湖中，使里面的沉积物分类沉积下来，形成了层状的沉积物。

蛇丘，是一种蜿蜒很长的沙子沉积物，由冰水沉积流带动冰川岩屑组成。蛇丘是一种曲曲折折两壁陡峭的山脊，可以绵延数百英里，宽度可以达到1,000英尺（约300米）以上。它可能是由上个冰期在冰层下面的通道中流动的水流形成的。当冰层融化掉之后，原来水流的沉积物就形成一道山脊。

在上一个小冰期，在1430年到1850年之间，当时全球气温比现在要低2摄氏度，冰川已经收缩。这期间冰川最大扩张范围可以由冰川沉积物构成的堆积在冰川最前沿的终碛来确定。此外，冰川不同程度的退缩可以通过研究最初的植物—地衣的生长来得出结论。对地衣的研究是一门学问，又叫做地衣年代测量法。

洞穴沉积

洞穴内部的细微结构主要由上层渗透下来的水决定。在表面上，雨水和雪水渗透过厚厚的土壤沉积层和岩石层进入洞穴。在向下渗透的过程中，水流会从腐烂的植物中获取二氧化碳形成浓度比较低的碳酸。这种酸性的水在缓慢地向下运动的过程中，会溶解遇到的石灰石。到达洞穴的表面之后，水流暴露在空气中，并释放出来了二氧化碳，把生成的方解石沉淀下来。石灰华是另一种形式的方解石，它在碳酸盐温泉和洞穴中比较常见。各层之间平行分布的石灰华是一种极好的装饰或建筑用材料。它通常是从较冷的水溶液中沉积出来，在洞穴中经常形成钟乳石或者石笋。

石灰石洞穴里面还有一种很长的"石柱"，它是通过从岩石中渗透出来的酸性地下水沉淀得到的（图145）。当悬在洞穴顶部的一个水滴暴露在空气中时，它的酸性会有一定程度的降低，这样就不能溶解在里面的方解石了。当这个水滴落到地面上之后，就会在顶部留下一个极细小的方解石晶粒。随着时间的流逝，越来越多的水滴在同一个位置汇聚，顶部的方解石晶粒一点一点地向下长大，就形成了一个钟乳石。因为它由溶解了碳酸钙的水滴形成，又叫溶洞滴石。

从钟乳石上落到洞穴地面之后的水滴仍然溶解有少量的方解石。当水滴与洞穴地面撞击时会溅出去，在这个过程中酸性进一步降低，这样另一个极小的方解石晶粒被沉淀下来。随着越来越多的水滴在同一个位置沉淀出方解石，会形成一个石笋，朝着上面悬挂的钟乳石的方向生长。某些情况下钟乳石和石笋会相交在一起形成一个柱体。这个过程是极其缓慢的，钟乳石和石笋每增加一英寸可能需要数百年的时间。

在一些洞穴中还会由方解或者文石形成一种很精巧的扭曲结构，叫做

钟乳石枝。它们的形成过程类似于钟乳石，但是水分在其中的运动非常缓慢，以至于不能形成水滴，这样就形成了扭曲的有分支的沉积物。水分到达钟乳石枝的顶端之后就被蒸发了，这样留下来晶粒的生长不再是竖直的，而是弯弯曲曲的。文石类似于方解石，但是具有不同的晶体结构，它能形成粗糙的针状钟乳石枝。

其他的洞穴沉积物还有洞穴珊瑚。当水分沿着一些小得不能形成水滴的通道网络进入洞穴的时候，就会形成这些洞穴珊瑚。这种情况下，水分被赶到了洞穴的岩壁上。在那里，水分蒸发之后留下的沉积物会形成不同的形状，看起来像爆米花、葡萄、西红柿或者花椰菜等。当水滴沿着洞穴顶部的斜坡向下流动的时候，会在流过的地方留下一层层的方解石，形成一个垂帘。方解石岩层，又称作流石，由很宽的水流沿着洞穴的岩壁流动时形成的，经常会形成大的阶梯。在石灰石洞穴中还发现过两端分离的石英脉，有时这些石英被切下来制作宝石。在水下的洞穴中，比如位于墨西哥犹加敦半岛上的洞穴，石灰石构造物中还有一些结构十分精致的中空的钟乳石，叫做管状钟乳石，它的形成需要上百万年的时间。

洞穴内的艺术

直立人是最早的人类分支之一，大约150万年前活动在非洲。在大约100万年前，他们出现在南亚和东亚地区，并在那里一直居住到大约20万年前。直立人发展出了很考究的文化，以栖居洞穴和狩猎活动为特征。他们中的一些人可能是最早利用火的人类，可能用火进行狩猎、制作食物和取暖。

大概早在80万年前，人类就发现了火。这对于人类来说是莫大的幸运，因为如果没有火，他们可能熬不过北半球寒冷的冰期。但是在这个时候人类是否能够自己取火还不确定。他们最有可能首先利用的是雷击产生的天然火。在数千年的时间里，人类通过点燃灌木丛惊吓猎物，把它们赶进陷阱或者赶下山崖。

北京人是直立人的一个分支，他们栖居在中国北京西南方大约30英里（约48千米）的一个巨大的山洞里。从大约50万年前开始，北京人在这个洞穴里活动了20万年以上。在那里发现的动物骨头化石表明他们擅长狩猎。水果和谷物也是他们食物来源的一大部分，已经发现的石化种子证明了这一点。尽管还不能确定他们能不能自己生火，但是可以肯定的是在40万年前这群人就知道怎么控制火不让它熄灭。有可能他们是依靠雷击产生的火苗来获取火种。在洞穴中发现的一些烧焦的种子表明他们已经开始利用火来处理食物。

人们通常认为穴居人生活在洞穴里，因为绝大部分已经发现的骨头是在洞穴里，而且洞穴里比开阔地带更利于保存这些骨头。如果不住在洞穴里，穴居人会选择开阔地带作为自己的栖居地。已发现的炉膛和用猛犸象骨制成的环状饰品以及大量的与穴居人有关的石器工具证明了这一点。穴居人有可能创作过岩石雕刻和洞穴壁画。他们会把死去的人埋起来，并把山羊角和鲜花等这样的祭品放在坟墓上。

在穴居人当中可能发生过人吃人的现象。在意大利的瓜塔里洞中，穴居人在约5万年到10万年前曾栖居于此，在一个石头圆环当中发现了一个成年男性的头盖骨，这个石头圆环很显然是来自食人仪式。在前南斯拉夫的一个洞穴中发现的人类的骨头，很久以前就被视为发生在5万年以前食人活动的

图146
位于克利夫砂岩的上悬岩壁中的狭长的小房子（摄影C.H.戴恩，由美国地质调查局授权）

遗迹。在其他地方也似乎出现过食人现象，包括在法国的一个洞穴里发现的有6万年历史的骨头。在这些地方发生的食人现象是约定俗成的事情，还是只是在饥荒来临之时偶尔为之？科学家们到现在还不确定。

现代人类，即克鲁马努人，大约25万年前起源于撒哈拉以南的非洲地区，一些我们自己人种最古老的遗迹就是在这个地区发现的。不过，有证据表明在世界的数个地区同时都有克鲁马努人的活动，最早可以追溯到100万年前，其来源可能是直立人的演化。他们之所以被称为克鲁马努人，是因为他们首次被发现是在1868年法国的克鲁马努洞穴中。他们的外表与矮壮的穴居人截然不同，而且他们绝大部分体征与今天的人类基本相似。

在上个冰期的某个时候，可能是在比较温暖的冰期间歇期，气候不是那么严峻，克鲁马努人进入了欧洲和亚洲地区。很显然，穴居人和现代人至少在欧亚大陆上共存了6万年，而且分享着许多共同的文明进步。他们发明了缝衣针来制作御寒的衣服，以进入欧洲更加寒冷的地区。他们都会把死者埋葬，而且会把死者的个人物品用来装饰坟墓。

洞穴壁画是人类表达自己的一种常见方式。在法国境内的比利牛斯山脉中发现了一处印有200个人类手掌印的岩壁，这可以追溯到2.6万年以前，不过其中绝大部分手掌印的手指都不全。这些缺失的手指可能是因为疾病、感染而失去，或者在某种宗教仪式中被切掉了。生活于上个冰期的人类曾经尝试做出更加精致和漂亮的洞穴壁画和雕刻来描述动物，尤其是那些他们不吃的或者崇拜的动物，比如马或熊。上个冰期的人类也在洞穴壁画中描述他们于狩猎活动中追捕的动物。在巴西境内发现的洞穴壁画表明，在美洲，洞穴艺术几乎与欧洲和非洲出现在同一时期。

阿纳萨齐人在砂岩层一样的山崖（类似美国西南部地区）下面用砖砌建造了自己的住处（图146）。然而可能由于长期的干旱，阿纳萨齐人在大约800年前神秘地消失了。其他的印第安人在洞穴的岩壁上雕刻或者画出了各种各样的图形，被称作岩画艺术。最初的时候，人们只是把这些刻画当作简单的一件件洞穴艺术品。然而，许多图像与太阳在天空中的运行轨迹密切相关。

最有名的岩画之一位于亚利桑那州石化森林的生命之洞中。在一处石壁上有一个刻画十分精致的交叉图形。当落日的余晖正好照射在交叉图形的中央时，标志着这是一年当中最短的一天。在亚利桑那州吉拉本德附近的帕因特德岩石一处洞穴中的岩壁上，有一个相类似的交叉图形，被刻画下来很可能是出于同样的原因。然而，它们的真实用处仍然是一个谜。也许它们被用作日历来测定每年季节的变化，这样人们才知道什么时候开始播种，什么时候开始收割。

参观完了洞穴的结构之后。在下一章我们将要看到在这些岩洞和其他的构造物垮掉之后会有什么现象发生。

10

塌陷构造

地面的巨变

  在这一章里，我们将要看到地表破坏和崩塌结构以及它们对地球表面形貌形成过程的影响。地表破坏对地壳所有部分的变化都有着重要影响。在山区和地势陡峭的地区，沿着不稳定斜坡发生的滑坡是十分危险的。尽管不像其他地质活动那样危险，但滑坡发生得更加频繁，而且会造成相当大的危害。岩崩是一种场面特别壮观的现象，特别是有一些大的石块沿着山体陡然落下的时候。

  斜坡是最常见也是最不稳定的地形之一。在合适的条件下，即使是最轻微的斜坡，地表也会下沉，引起地形的变化。即从本质上来讲，斜坡就是不稳定的，在地质史上它们的形态总是暂时的。地震会使沉积物层变松动，从而引起大规模的地表塌陷。暴雨时雨水进入不稳定的沉积物层，地表也会运动起来，形成不同程度的滑动。发生在海底的滑坡其规模与陆地上发生的相当，而且对靠近大陆地区的海洋地形形成起着重要作用。

由大规模塌陷导致的地质构造使地球表面看起来千疮百孔。这种现象最好的例子就是火山口。当岩浆层之上的顶部岩层塌陷或者火山喷发使火山顶崩塌之后，就会在地表上留下一片宽阔的洼地，即火山口。在强烈的地震活动中，断层把地表撕开，在地壳中形成很大的裂口，形成所谓的断裂。地下可溶性物质的溶解，或者是流体物质的流失，都会导致地表下陷，或者在地表上形成水平方向的洼地。当地下的沉积物在地震活动中或者火山喷发中流失之后，将引起其他形式的地表破坏，使地表下陷。

滑坡

在滑坡中，大量的土壤和石块等物质在重力作用下沿着斜坡向下运动。滑坡主要由地震或者恶劣的气候条件引起。一些因素能引起横向支撑物的流失从而引发滑坡，比如水流、冰川、海浪以及近海岸的海流、潮汐流等。此前发生的斜坡破坏以及人类的开发活动等，也是引发滑坡的原因之一。此外，当局部地表承载了过多的重量时，比如堆积了过多的雨水、冰雹和雪等，也会引起地表的下陷。

滑坡的主要形式有下陷、滑动、流动等，在有水与无水的条件下都能发生。所有的滑动都是由于在切应变（接触面）作用下地表物质的破坏所导致的。它的发生是由切应变的增加与由水流进入斜坡导致的切应力降低引起。切应力的大小主要由斜坡的地形以及土壤的构成、质地以及结构等共同决定（表14）。地层中的孔径压力和含水量可能发生变化，可以在不同岩层之间起到减少摩擦的作用。

岩石、沙子、降雪等在重力的作用下将沿着斜坡向下运动。在这个过程中，这些颗粒之间以及它们与地面之间不断相互碰撞摩擦。在每一次的相互作用中，这些颗粒的方向都会改变，并因摩擦而损失一定的能量。通常斜坡的角度越小，这些颗粒流动过程中的摩擦越小。位于底部与斜坡接触的颗粒物流动缓慢，其余的颗粒在它们上面磕磕撞撞毫无次序地向下流动。一个斜坡能自然地保持的最大倾角称为静止角。当一个斜坡过于陡峭时，它便会通

表14　主要的土地类型

气候	温带（湿润的）年降雨量大于160英寸（约400cm）	温带（干旱）年降雨量少于160英寸（约400cm）	热带（强降雨量）	北极或沙漠地区
植被	森林	草地和灌木	草地和森林	几乎没有，不存在腐殖质
典型地区	美国东部	美国西部	—	—
土壤类型	铁铝土	钙层土	红土	—
表层土质	沙地；浅色；酸性	富含方解石；白色	富含铁和铝；砖红色	不存在真正意义上的土壤，因为这里没有有机物；化学风化作用非常弱
底层土质	富含铁和铝，黏土层；褐色	富含方解石；白色	被从上层过滤掉的所有其他物质	—
备注	极其茂盛的针叶林带形成大量的腐殖质使地下水呈酸性；低的铁含量使土壤呈现出浅灰色	方解石的沉积形成了硝酸钠	强烈的微生物活动把腐殖质分解掉，没有降低铁含量的酸性物质	—

过自我调节引发滑坡，使自己的倾角回到临界值。

在美国，绝大多数的滑坡发生在阿帕拉契地区和落基山脉地区以及太平洋沿岸地区（图147）。虽然滑坡本身通常并不像其他剧烈的自然现象那么蔚为壮观，但是它的发生要频繁得多，而且能够造成大量经济损失和人员伤亡。在美国，每年由于滑坡对公路、建筑物和其他设施造成的直接经济损失及所导致的生产力下降造成的间接经济损失达十亿美元以上。每发生一次大规模的滑坡，就会造成千万美元以上的经济损失。幸运的是，由于绝大部分灾难性的斜坡破坏主要发生在人烟稀少的地区，在美国滑坡并没有像世界其他地区那样造成严重的人员伤亡。

大多数的滑坡发生在地震中。1959年，发生在蒙大拿州赫布根湖的地震引发了一次场面壮观的滑坡。这次滑坡自北向南运动着，在山体上开凿出了一条巨大的裂缝（图148）。滑坡带来的大量物质被推着向山谷南侧的山上，在山谷中形成了一条巨大的堤坝，挡住了麦迪逊的河水，形成了一个大湖。1971年加利福尼亚州圣费尔南多发生的大地震引发了将近1,000次滑坡，分布在100平方英里（约260平方千米）以上陡峭的偏远山区。在1976年

的危地马拉城地震中，在600平方英里（约1,600平方千米）的区域内发生了大约10,000次滑坡。

有历史记载以来发生在美国大陆最大规模的滑坡发生在密苏里州东南部

新马德里附近密西西比河的河岸地区。在1811年和1812年之间的冬天，三次大地震袭击了这里，据估计这三次地震的震级均达8.7级以上。城镇被整个抹平，城镇下的地面从位于河流平面以上25英尺（约7.6米）的高度沉降到12英尺（约3.7米）。地面形成了很深的裂缝，地表沿着断崖和小山滑落。成千上万折断的树木落到了河里面，原来河流中的沙洲和小岛整个消失了。地震改变了密西西比河的河道，在下沉地壳构成的盆地中形成了一些面积很大的湖泊，其中最大的是50英尺（约15米）深的里尔富特湖（图149）。

加利福尼亚州是有名的大地震多发地带。值得庆幸的是，绝大多数地震发生在人烟稀少的地区。在1872年3月26日发生的加州历史上规模最大的一次地震中，内华达山脉东部欧文斯山谷中一处叫做楼恩派因的村落被彻底摧毁。这次地震在欧文斯山谷中形成了一条长达100英里（约160千米）的断裂

图148
在1958年8月发生在蒙大拿州麦迪逊县麦迪逊山谷中的滑坡（摄影J.R.斯达西，美国地质调查局授权）

图149
位于田纳西州的里尔富特湖，形成于1811～1812年密苏里州新马德里地震之后地壳下沉引发的洪水（摄影富勒，由美国地质调查局授权）

图149
位于田纳西州的里尔富特湖，形成于1811～1812年密苏里州新马德里地震之后地壳下沉引发的洪水（摄影富勒，由美国地质调查局授权）

带。由于用土坯建成的房屋在地震中容易倒塌，这次地震至少造成30人死亡。随后的三天里在这个地区发生了1,000次以上的余震。

1906年，在旧金山发生了一次大地震。由于下层的地面发生坍塌，上面的建筑物全部倒塌。在很多地方都发生了滑坡，甚至有一个小山的整个山体沿着一个较浅的山谷滑动了半英里。在福尔图纳斯海角南部，一座小山整体滑进了大海里，形成了一个新的海角。穿过道路和栅栏的断层把它们在水平方向上分开了21英尺（约6.4米）之多。树木被连根拔起，在许多地区出现了沙涌和断裂，彻底改变了那里的地形（图150）。

1964年3月27日发生在阿拉斯加地区的大地震，毁掉了安克雷奇和附近的其他海港。这次地震也是有资料记载以来发生在北美洲大陆上最强烈的地震活动。地震引发了滑坡，城市地面之下滑溜的黏土层朝着大海滑落，安克雷奇有30个街区被破坏掉。在边远地区，地震导致了巨大的断裂口，发生了地球上已知的规模最大的地壳变形现象之一（图151）。受到地震破坏的地区达5万平方英里（约13万平方千米），有震感的区域达50万平方英里（约130万平方千米）。

在火山带，地震活动、地表隆起与厚厚的火山碎屑物沉积层共同为滑坡的发生创造了理想的条件。滑坡的分布受到地震活动强度、地面活动的地形放大作用、岩性（岩石种类）、斜坡的陡峭程度以及岩层中的局部断层和其他比较不牢固因素的影响。在火山地区持续的大量降雨也是引发滑坡的因素

图150
沿着雷伊斯角站与奥利马之间的圣安德列阿斯断层延伸的裂缝，位于加利福尼亚州的马林县，形成于1906年旧金山大地震中（摄影G.K.吉尔伯特，由美国地质调查局授权）

图151
阿拉斯加州安克雷奇
地区的市政山学校的
残迹，在1964年3月27
日阿拉斯加地震引发
的灾难性地表沉降中
被破坏（摄影G.K.吉
尔伯特，由美国地质
调查局授权）

图151
阿拉斯加州安克雷奇地区的市政山学校的残迹，在1964年3月27日阿拉斯加地震引发的灾难性地表沉降中被破坏（摄影G.K.吉尔伯特，由美国地质调查局授权）

之一。

在1980年圣海伦斯火山发生了一次大规模喷发。这次喷发使一处地层像一道墙一样沿着山腰向下推，导致当代一次最大规模的滑坡的发生。滑坡带来的泥浆和碎石等物质填平了下面的山谷，覆盖了方圆20英里（约32千米）的区域。滑坡带来巨量物质的一个支流越过火山山脚的斯皮里特湖之后冲进了另一边的山谷，在经过的18英里（约30千米）路程上什么也没有留下来（图152）。大量的泥石流沿着火山山坡激流而下，通往太平洋的考利茨河与哥伦比亚河被泥浆和碎石等物质以及被火山喷发推倒的树木堵塞起来。

阿拉斯加圣奥古斯丁山的大部分坍塌之后倒进了大海里，引发了强大的海啸。在过去的两千年里，在这座火山的两侧地区发生了十次以上的大规模滑坡。最近的一次滑坡发生在1883年的10月6日，正好遇上当时的火山喷发。在滑坡中，火山两侧的岩屑冲进了库克湾中，在54英里（约90千米）之外的格雷厄姆港造成了一次高达30英尺（约9米）的海啸，摧毁了那里的船只，还冲毁了岸上的房屋。紧随着这一次滑坡之后又发生了火山喷发，喷出的物质刚好把滑坡发生之后留下的空地填补了起来，使这一片区域变得更加不稳定，随时可能再次发生大规模的滑坡。持续的滑坡会使火山北部地区堆

图152
圣海伦斯1980年的一
次喷发造成的破坏，
被泥浆填满的斯皮里
特湖清晰可见（摄影
R.V.艾迈塔兹，由美
国农业部森林管理处
授权）

积越来越多的物质，这些物质一旦冲进大海，就会引发袭击城市和海湾中石油平台的海啸。

基拉韦亚火山位于夏威夷的东南部海岸上。在它的南侧，大约1，200立方英尺（约34立方米）的岩石在以每年10英寸（约25厘米）的速度朝着大海的方向运动。这是目前地球上可见到的最大规模的地表运动，最终它可能导致一场灾难性的滑坡，其规模可与先前发生的在海洋底部留下大量碎石堆的滑坡相当。在大陆斜坡和深海平原的构造过程中，滑坡起了很重要的作用，是它们使海底成了地球上地质活动最频繁的地方。

岩滑是一种规模很大破坏性很强的运动，参与的岩石以百万吨记。当一个比较不牢固的岩层，比如基床岩层或者节理岩层与斜坡平行时，就会形成岩滑运动，特别是斜坡底部已经被河流、冰川或者建设工程削弱的情况下。当大块的岩床在滑落过程中摔成很多碎块之后，这些碎块就会像流体一样漫散到下面的山谷中。甚至在某些条件下这些碎石能够滑动到山谷另一侧的山坡上去。这样的岩石滑坡通常被叫做山崩或雪崩，不过在雪崩中发生滑动的是大量的雪块（图153）。

在1995年1月16日，在印度北部喜马拉雅山脚下的克什米尔地区发生了近代历史一次最严重的雪崩。当时恰逢一场暴风雪袭来，数百人把他们的汽车和公交车丢到一条单行道上躲进一座1.5英里（约2.4千米）长的隧道里。事先没有任何征兆，一场雪崩突然袭来，把这整个地区都埋了起来。只有少数人在隧道被成千上万吨的雪堵死之前逃了出来。几天后，在推土机的帮助下附近的村民用铁铲挖开了雪层，然而不幸的是里面的人全部遇难。

在1881年9月11日发生的历史上最严重的一次岩滑中，瑞士小镇艾姆被从地图上抹去了。在这次岩滑中，附近的一座大山的山体发生坍塌，原来坚固的山崖变成了由岩石组成的河流。山崖从2，000英尺（约600米）的高度垂直落下，形成的石块流在下面的山谷中不断加速，横扫了附近方圆1.5英里（约2.4千米）的区域。无数的岩石碎块沿着山谷轰隆而至，在停下来之前把116条生命埋在了这个断裂的石块层下面。

物质从一个接近垂直的山体上落下来的过程叫做岩崩或者土崩。在岩崩中，有可能只有少数几块岩石从一个山体斜坡上落下来，也有可能是成千上万吨的石块从一个山体上近乎垂直地滚下来。如果只有少量岩石从山上滚下来，它们通常被山崖下一堆有棱角的石块挡住，这堆石块叫做岩屑堆。如果大块的岩石落在了静止的水体中，会立即激起破坏力很强的浪头。1958年发生在阿拉斯加的地震已发了一场巨大的岩滑，大量的岩石落进了利图亚湾，激起的浪头到达了山腹以上1,720英尺的地方。树木被放倒，海湾周围的海岸被海水淹没，海水经过的地方一切都被冲毁了（图154）。

在北美洲地区发生过的最闻名的岩崩是1903年发生在加拿大艾伯塔省的岩崩。在这场岩崩中，位于特特尔山山顶大量节理明显的石灰石岩层，可能受在山下的采矿活动的影响，发生了松动然后落进了深深的陡崖。大约有4,000万吨的岩石沿着山体落了下来，在一波由石块组成的巨浪扫过采矿小镇弗朗克镇之后，70个生命被夺走了。随后，这些岩石又冲到了山谷另一侧

图153
一个滑雪者引起的雪层雪崩（图片由美国地质调查局授权）

图154
在1958年阿拉斯加地区一次大规模岩滑激起的海浪对利图亚湾南岸地区造成的破坏（摄影D.J.米勒，由美国地质调查局授权）

约400英尺（约120米）高的斜坡上。

1996年6月10日发生在加利福尼亚州约塞米蒂国家公园中冰山角东南部的一次岩崩中，山崖上16万吨的花岗岩开裂之后以超过160英里（约260千米）的时速下落了1/3英里。这次岩崩引起了一场类似于飓风的"空爆"，把上千棵树木放倒，其中有些树木的树皮甚至被完全剥掉。现在对"空爆"的认识还不是很多，只知道它是一种由岩崩引起的间接危害。"空爆"的过程类似于把一个书本与地面平行丢下去，在这个过程中书本会压迫它下面的空气向外运动。这样，考虑到"空爆"可能造成的危害，地质学家们可能需要对标注在地图上的约塞米蒂和其他山地高山国家公园地区的危险地带进行重新评定。

其他形式的地表运动中还有滑移。当一层坚硬的耐侵蚀岩层坐落在一层较疏松的地层之上时便形成了滑移。在滑移中物质沿着一个曲面滑落，使耐侵蚀的部分向上倾斜，而较疏松的岩层则向外运动堆成一堆。与岩滑不同之处在于，滑移发生在已经存在的山崖的正下方，从而为下一次新滑移的发生创造了条件。实际上滑移是一个连续的过程，通常在目前存在的山崖前能发现绵延很远的许多代之前的滑移。

在雨水或者融雪的作用下，原先位于山体斜坡上的土层可能发生松动。一旦松动，这些土层就会突然流动起来，将以超过30英里（约50千米）的时速向下方横扫而来。降水会增加土壤孔径中的水分压力，使土壤或者岩石变得松动。随着水平面的上升和孔径压力的增加，原来把山体顶层的土壤保持稳定的摩擦力开始下降，直到被重力超过。在土层开始滑动之前的一瞬间，孔径压力降了下来，其实这是土层在开始滑动之前正在膨胀的信号。

土壤滑坡发生在黏结性较弱的、颗粒物细小的地层中。在正常条件下，这些地层能够形成稳定的斜坡，但是在地震中它会垮掉。地震引起的滑坡作用的地区范围取决于地震的震级和震源的深度、断层附近的地形和地质结构以及地震的震幅和持续时间等因素。1920年发生在中国甘肃的大地震中，长宽各达1英里（约1.6千米）的土层垮掉并流动起来，大约18万人在这次地震中死亡。随着地震在这个地区的蔓延，山体上发生了大量的滑坡，掩埋村庄，阻断河流，把山谷变成了暂时的阻塞湖。

当空气中的湿度改变时，一些土层和松软的岩层会发生膨胀或者收缩，它们被称为膨胀土。建造在这种膨胀土上面的房屋或者其他建筑物在受到破坏时会造成严重的经济损失。在落基山脉地区、盆岭省、太平洋沿岸的绝大部分地区、沿海湾平原带的大部分地区、较低的密西西比河河谷地区和太平洋沿岸地区的地质构造层中，有大量这样的土层。膨胀土来源于火山岩和沉积岩，这些岩石能够分解成易膨胀的矿物质黏土颗粒，比如高岭土和斑脱土。这些物质通常被用做研磨浆，因为它们吸水能力很强。不幸的是，正是它们的这种特性使它们形成的斜坡非常不稳定。

液化现象

在地震或者剧烈的火山喷发中，由浸透了水的地下沉积层被破坏导致的地表破坏，是由液化现象引起的。地震能够把一个透水能力较差的地层下面浸透了水的固体沙层变成一池高压液体。这些液体升到表面之后有时甚至会在局部地区引发洪水。通常情况下，沉积层越疏松，年代越新，水位越浅，发生液化的可能性就越大。

液化会使不含黏土的土层（主要是沙子和淤泥）暂时地失去黏结力，表

223

现得像黏性的流体而不是固体物质。当地震中的剪切波穿过浸透了水的颗粒状土层时，会改变土层的形状，使间隙疏松的沉积物中的空洞区域塌陷，引发土层的液化。空洞区每发生一次坍塌就会使颗粒物周围的孔径水压一定程度增加。这些塌陷会使土层分解，加大孔径水压，使水分流出。如果水分不能顺利流出，孔径水压就会不断增加。当这个土层中的孔径水压增加到与上层土层的重量所施加的压力相当时，颗粒物质间的接触压力暂时就消失了，原来颗粒状的土层就会像是流体一样了。

与液化现象有关的三种形式的地面破坏分别是侧向扩展、流动破坏和支撑力缺失。地震活动会使大块土层下方的地层发生液化从而使大块土层发生侧向扩展。侧向扩展通常发生在轻微的斜坡地区，一般倾角小于6度。侧向扩展在水平方向的运动可以达到15英尺（约4.5米），但是在斜坡的角度非常有利而且地震持续时间比较长的条件下，横向的运动可能会增加10倍以上。侧向扩展经常会在运动过程中发生断裂，形成悬崖或者裂缝（图155）。

在1964年的阿拉斯加地震中，发生在河道附近冲积平原上沉积物中的侧向扩展使200多座桥梁受到不同程度的破坏。沉积物层的侧向扩展压迫河道上的桥梁，使行车道扭曲，破坏了桥墩下面的沉积物土层，使桥墩发生移动和倾斜。侧向扩展对于管道也造成很大的破坏。在1906年的旧金山地震中，主要的输水管道发生破裂，延迟了救火工作。一些不太引人注意的地表塌陷位移，可能达7英尺（约2米），地震对旧金山造成的破坏很大程度上与这种地表塌陷位移有关（图156）。

流动破坏是由液化现象引起的最具破坏力的一种地表破坏。在流动破坏中，整块的液化土层或岩层架在液化土层上面运动。流动破坏通常会移动数十英尺，但是在特定的地质条件下它能以每小时很多英里的速度运动数英里远。流动破坏一般形成于倾角大于6度的斜坡上浸透了水的疏松土层或者淤泥层中，这种现象无论是在陆地上或者海底中都有可能发生。

在地震活动中，绝大多数的黏土层的黏结强度都会降低。如果强度下降程度非常大，部分被称为流黏土的黏土层可能会垮掉。流黏土通常是一片片的黏土矿物质排列成很有序的层状结构，其中的含水量一般会超过50%。正常情况下，黏土层呈固体状，而且能够承受来自表面每平方英尺一吨的压力。然而，地震活动中轻微的震动都能引起它的液化。

在1964年的阿拉斯加地震中，引发了破坏力很强的滑坡和地面沉降。在瓦尔德斯和西沃德两地，地面基本上塌陷，海滨地区都朝着大海的方向漂

图155
1964年3月27日阿拉斯加地震导致的在阿拉斯加海湾一带西沃德区福里斯特埃克斯地区侧向扩展导致的地表断裂（摄影C.D.米勒，由美国地质调查局授权）

移。在安克雷奇，由于200英亩的土地向海洋方向运动，房屋被完全毁掉。影响了安克雷奇部分地区的五次大的滑坡就是对地表运动非常敏感的黏土层大规模垮掉的很好证明。正是流黏土和其他含有浸透了水的沙层和淤泥层的底层破坏导致了这些滑坡的发生。地震活动造成了黏土层强度的下降和沙子层与黏土层的液化。它们是导致破坏大部分城市的滑坡和沉降现象发生的主要原因（图157）。

规模最大破坏力最强的流动破坏发生在海岸地区的海面之下。在1964年

图156
1906年发生在加利福尼亚州旧金山市的地震在人行道上形成的次级裂缝（摄影G.K.吉尔伯特，由美国地质调查局授权）

图157
1964年3月27日阿拉斯加地震中在安克雷奇第四大街出现的滑坡区域（图片由美国地质调查局与美国陆军共同授权）

阿拉斯加地震中，海面下的流动破坏冲走了西沃德、惠蒂尔和瓦尔德斯等港口的大部分港口设施。海下的流动破坏还会引发大规模的海啸，横扫部分海岸地区。例如，1992年7月3日发生在佛罗里达州代托纳海滩的海啸就被认为是由一次大的海下滑坡引起的。在这次海啸中，形成了一波25英里（约40千米）长、18英尺（约5米）高的浪头，掀翻了多辆汽车，造成75人受伤。在1929年纽芬兰海岸地区发生了一次地震，这次地震导致了一次大规模海下滑坡，引发的海啸造成了27人死亡。

　　一旦支撑房屋或其他建筑物的土层强度发生液化或强度下降，土层中就会发生大的形变，造成建筑物下沉或者翻倒。位于建筑物之下的土层液化之后会使地表下的结构发生变形，引起地表破坏，随后就会发生沉降，使建筑物扭曲。正常情况下，当一层浸透了水的非黏结性沙层由近表面处扩张到接近于建筑物宽度的深度时，就会发生这种变形。这种形式的地面破坏最典型的是发生在1964年6月16日的日本新潟的地震中。在这次地震中，数栋四层公寓楼房发生倾斜，倾斜的角度高达60度（图158）。地震造成这个城市部分地面下沉了一英尺（约0.3米）甚至更多，防波堤被破坏后，导致了严重的洪水灾害。

物质流失

地球上发生的地表运动并不都是由地震引起的，还有许多是由物质流失引起的。所谓物质流失，指的是在重力直接作用下物质沿着斜坡的运动。即使在只有轻微角度的地形上，物质流失也能造成松动、滑动和蠕动。蠕动是岩床及位于其上的土层等沿着斜坡向下方缓慢运动的过程（图159）。通过山坡上向山下倾斜的电线杆和篱笆桩可以判定发生的蠕动，表明近表面的物质运动要比下层的快。

在天然情况下，一般在斜坡上树木很难生存，只有草丛和灌木丛能够在斜坡上生长。在蠕动非常缓慢的斜坡上，树干先是发生弯曲，随后树木发生倾斜，后来树木的生长过程又试图把树木拉直。然而，一旦蠕动连续发生，树木会在较矮的一层向着山下的方向倾斜，逐渐越长越高，越长越直。在霜冻作用很强的地区发生的蠕动运动速度可以是很快的。经历了这样一个膨胀—收缩过程之后，斜坡上的物质由于斜坡地表的扩张和收缩开始向下运动。

　　地表附着物中水分含量的升高会导致其重量的增加，由于对切应变抗力的下降而导致稳定性下降，会出现一种更易观察的地表运动，即土崩。土崩常见于长满草丛的丘陵地带。尽管一般土崩规模都比较小，但是也有一些大的，面积可达数英亩。土崩通常有一个勺状的滑移面，在勺的顶端有部分地表附着物脱裂，随后滑动了一段较短的距离。与蠕动的区别是，在土崩中的脱裂点有一处很明显的裂痕。

　　如果地表附着物中的水分含量进一步增加，原来的土崩就会升级成为泥流（图160）。泥流的特征很像黏性的流体，经常会有大量的岩石和砾石混杂在其中。发生在休眠火山两侧特定地区火山喷发沉积物（火山喷发形成的岩层）中的降水也能导致泥流的发生。泥流是世界上的沙漠地区中最典型的特征。大量的降水形成的流速很快的洪水卷走了无数的疏松物质。洪水随后

图159
在加拿大科尔科里克附近被土层蠕动破坏掉的铁路线（摄影W.W.埃特伍德，由美国地质调查局授权）

图160
1905年出现在科罗拉多州欣斯代尔县的斯拉姆古林的泥流（摄影W.克罗斯，美国地质调查局授权）

流进了主河道，在那里所有的泥浆类物质都沉淀了下来。干涸的河床短时间内就充满了汹涌的洪水，洪水以很快的速度向山下流动，某些条件下这些洪水的水头会像一堵陡直的墙一样。

这种类型的泥流一旦流出山区就会造成严重的破坏。泥流中的水分不断向地下渗透，泥流中的泥层变得越来越厚，最后泥流不得不停止了流动。泥流通常会把一些大块的岩石或砾石带出远远超过山区盆地的范围，到达沙漠的地表上。一些巨大的单块岩石被快速流动的泥流带出山区之后孤零零地矗立在一处陌生的地方（图161）。

火山喷发引起的泥流叫做火山泥流，这个定义来自于印度尼西亚语，因为在那里泥流现象频繁发生。在火山泥流中，大量浸透了水的岩石碎片沿着陡峭的火山山坡向下运动，就像流动的混凝土一样。岩石碎屑通常来自于火山喷发在火山上形成的疏松不结实的岩石层。降雨、融雪、火山口湖泊或一个临近火山的水库等都能提供火山泥流发生所需要的水。当火山喷发物或者岩浆流经一片雪原时，雪原被迅速融化之后也能形成火山泥流。这种火山泥流有可能是温度很高的，也有可能是冰冷的，根据炽热岩石的存在程度而定。

近代历史上一次破坏最严重的火山泥流于1985年12月13日发生在哥伦比亚州。在这次火山泥流中，乃克多德瑞火山喷发使山上的冰盖融化掉，形成的洪水和泥流沿着山坡以每小时30英里（约50千米）的速度汹涌而下。由泥浆和火山喷发物形成的泥流的前端高达130英尺（约40米），沿着狭窄的山谷蹒跚而行。当这股泥流达到30英里（约50千米）外的阿尔梅罗之后，马上蔓延开来，灌满了城市中的街道，形成的浪头高达10英尺（约3米）。泛滥的泥流淹没了城市的大部分地区和附近的一些村庄，导致2.5万多人丧生。

图161
在1970年5月31日地震中被搬运的一块重达700吨的漂砾（图片由美国地质调查局授权）

火山泥流流动的速度基本上取决于它们的流动性和所经过地形的坡度。它们能以每小时20英里（约32千米）以上的速度在山谷中流过50英里（约80千米）以上的距离。流过冰雪覆盖的地区时火山泥流会把冰雪融化掉，形成洪水或者火山泥流。在一些山谷中受到洪水威胁的地区会延伸相当一段距离。在喀斯喀特山脉西部的火山影响下，这些区域能够延伸到远达太平洋。

引发物质流失最常见的机制有以下几种：地震或者爆发造成的震动使得斜坡上物质的结合力变弱；斜坡上物质重量的增加使得斜坡不能承受新增加的重量；斜坡的底部被削弱；斜坡上物质的水分含量过饱和。水分会增加斜坡上物质的重量，并降低内部的结合力。虽然一般认为水分主要起到润滑的作用，但实际上这种作用是很有限的。水分的主要作用是通过填充斜坡上涂层中颗粒之间的空隙来降低它们之间的结合力，进而削弱斜坡上附着物的稳定性。

土壤类物质的另一种运动形式是冻胀作用。冻胀作用主要发生在温带地区，由循环发生的冰冻和解冻引起。在冻胀现象的作用下，土层中的砾石受到来自上面的拉力和下面的推力作用，然后被从里面挤出来。如果表层先是冻着的，砾石会受到不断扩张的冰冻土层的拉力。土壤解冻之后，沉积物会进入石块的下方，使石块稍微升高一些。石块下方不断膨胀的冻土层也会使石块向上方运动。经过几个冰冻—解冻的周期之后砾石最终停留在了土层的表面上。对于地球北部的农民来说，这种现象是一种很烦人的事情，因为每年春天的时候他们发现在自己的田地里又出现了一茬石头。甚至在一些公路的路基上也会有岩石从下面冒出来，而一些篱笆桩则被完全从地下拔出来。

霜冻还会对岩石产生风化力作用。当水分在岩石的裂纹和裂缝中上冻之后，会在其中产生一定的压力，形成楔形冻劈作用。这会使裂缝加大，而表面风化则使岩石的棱角变得圆滑，最终在坚硬的岩床上形成一种数英尺宽的看上去好像众多的微型峡谷一样的地貌。

地表沉降

沉降是地震中的振动造成的地下流体流失导致的、在局部或很宽一个地区内发生的地表下降或塌陷现象。因为地下流体起着填充颗粒间隙和支撑沉淀物颗粒的作用，大量的流体比如水或油流失之后将导致颗粒物支撑作用的缺失，颗粒物间隙会减小，黏土层将被压实。这会使表面被压得很紧，导致随后发生的地表沉降。

由于大量地抽取地下水或者石油，世界上许多地区发生着持续的下沉。在美国，最典型的沉降例子发生在亚利桑那州和加利福尼亚州德克萨斯海湾沿岸地区。这一片区域气候干旱，当地农业对地下水源依赖很大，每年这个地区抽取的地下水占整个美国抽取地下水总量的20%。地表下沉的速度达到了每年一英尺，有些地区的地面已经比最初下降了20英尺（约6米）以上。

在德克萨斯州的休斯顿—加尔维斯敦地区局部沉降已达7.5英尺（约2米），在2500平方英里（约6,500千米）的地区里沉降已经超过1英尺（约0.3米），绝大多数是由于大量抽取地下水引起的。在加尔维斯敦海湾地区，由于对下层底层中石油的开采速度过快已经在数平方英里的范围内发生了超过3英尺（约0.9米）以上的沉降。一些海滨城市的沉降非常严重，甚至可能会在飓风袭来时发生洪水。在墨西哥城，过度抽取地下水已经使城市的部分地区沉降的速度超过每年一英尺，沉降现象使得这个地区经常出现地面的震动。这可能解释为什么当时人们没有把发生在1985年9月19日大地震前的前震现象当回事。那次地震震级达8.1级，墨西哥城的大片区域在地震中损毁。

发生在加利福尼亚州长滩的沉降是由大量开采地下石油造成的，超过22平方英里（约60千米）的地区内出现了这种现象，形成的碗状沉降区深达26英尺（约8米）。部分位于油田受到沉降影响的区域以每年2英尺（约0.6米）的速度在下沉着，发生在市区的沉降已经达到6英尺（约1.8米），对城市中的建筑物造成了相当大的破坏。通过在高压下向地下蓄水池中注入大量的海水已经阻止了绝大部分的沉降现象。注入海水的另外一个好处就是增加了油田的产量，因为石油会浮在水面上从而更加接近地表。

意大利的威尼斯也面临着被淹没的危险，因为海平面在不断上升而城市的地面则在不断下降。过度抽取地下水导致了这里的大部分沉降现象，因为这使得含水层不断被压缩。在20世纪后半段，威尼斯地区的沉降已经累计稍稍超过5英寸（约13厘米）。同时，由于明显的全球气候变暖导致的海洋热膨胀和冰盖的融化，地中海的海平面上升了3.5英寸（约9厘米）。加上沉降的作用，威尼斯和大海之间的高度差被降低了8英寸（约20厘米）以上。

塞得港是一个位于埃及尼罗河三角洲东北部的人口50万的繁忙海港。这个地区的下方是一片被40～160英尺（约12～49米）厚泥浆覆盖的低地，这表明三角洲的这片区域正在缓慢地向海洋中滑落。在过去的8500年里扇形三角洲上的这个地区每年下沉的速度不超过1/4英寸，但是近年来在地面沉降和海平面上升共同作用下，下沉的速度已经超过每年1/4英寸。目前三角洲仅仅高过海平面3英尺（约0.9米），预计到本世纪末海平面会上升2～3英尺（约0.6～0.9米），这将导致这个城市大部分地区被海水淹没。更严重的是，地面下降之后海水会倒灌进地下水系统，使地下水不再适合人类使用。人们建造的大坝和开凿的人工河流使上游河流的沉积物基本上不能到达这一片区域，导致被侵蚀的一片地区不能重新建立起来。

在海岸地区，一些被植被覆盖的低地的高度本来不至于被海水淹没。地震导致在这些地区发生沉降，使这些低地发生下沉，从而轻易就被海水有规律地淹没，变成荒芜的潮汐泥浆平地。在大地震之间的时期，沉积物会填充潮汐平地，使那里的高度升高，植被能够重新在那里生长。因此，不断发生的地震会形成交替排列的低地土层和潮汐平地泥浆层。

在已经存在断层的地区，由于抽取地下水导致的沉降可能会产生裂纹或者新一轮的地表运动。这些裂纹会导致在地面上形成开裂的裂缝。抽取地下水出现的表面断层和裂纹对于拉斯维加斯和内华达州附近的地区以及亚利桑那州、加利福尼亚州、德克萨斯州和新墨西哥州的部分地区来说是一个潜在的威胁。大量抽取地下水以及石油和天然气将会导致地面沉降到相当严重的地步，有时会带来灾难性的后果。

在美国，地震引起的沉降主要发生在阿拉斯加州、加利福尼亚州和夏威夷群岛。沿着断层面的垂直运动导致的沉降能够作用到很大的一片地区。在1964年的大地震中，将近7万平方英里（约18万平方千米）的地区向下倾斜了3英尺（约0.9米）以上，引发了大范围的洪水。强烈的地震能够在较小的范围内形成沉降。1811～1812年在密苏里州的新马德里发生的地震中，地下的沙层和水被推到地表，剩下的空洞使地层之下的物质和地表沉积物被压缩。

在一次地震中，沙涌通常出现在水位接近表面的新沉积层中。沙涌是由高压液化区域喷射出的水和沉积物形成的喷泉，喷射的高度可达100英尺（约30米）。在类似自流井水压的作用下，水流携带着沉积物被排出地面，就形成了沙涌，这种压力能够排空大的沙坑（图162）。沙涌能够引发局部洪水，导致巨量泥沙的堆积，不过这些泥沙经常出现在不需要它们的地方。带有大量沉积物的流体被排出之后有可能会在地面之下形成大的空洞区，这可能引起上层地层的沉降。

水分进入地面沉积层之后能够引起强烈的沉降，尤其是在西部干旱的几个州，那里灌溉十分普遍，比如加利福尼亚州的圣华金山谷。当干旱的地

图162
发生在1979年10月15
日加利福尼亚州帝王
谷的地震导致的喷沙
现象（摄影C.E.约翰
逊，由美国地质调查
局授权）

表层或者地下层自它们沉积以来第一次被水分浸透之后就会发生沉降。进
入的水分会降低沉积物颗粒之间的黏结力，使它们能够自由移动并填充颗粒
间隙。这将会导致地表降低3~6英尺（约0.9~1.8米），在最极端情况甚至

会降低15英尺（约4.5米）。陆地上的这种压缩通常是不均匀的，会导致洼地、裂缝或者波浪形的地形。

灾难性垮塌

另一种发生在寒冷气候区的地表破坏叫做土石流作用。当温带地区的春季来临或者永久冻结带的夏季来临的时候，顶层的冰冻层开始融化，融化了的土层在冰冻的底部土层上向下方运动。由于下方的土层被带走，建筑物会遭受到严重的破坏。

位于拉斯维加斯西北65英里（约100千米）的内华达试验场有着月球一般的地表形貌，地下核试验使这里一片坑坑洼洼。地下核爆形成的巨大热量会使地下沉积物融化成玻璃状，就会形成这些位于地表上的坑。沉积物融化成玻璃状之后体积极大地减小了，这会使上层的沉积物层发生坍塌以填补出现的空洞。有时还会在地表上形成裂缝以便排放出岩石熔化后形成的气体。

在美国东部，一些被遗弃的矿井经常发生坍塌，尤其是一些较浅的煤矿。原因可能是矿井上面的岩层支撑强度不够。当它们坍塌之后，表面会下落数英尺，形成许多洼地和坑（图163）。在水溶采矿中，用水把盐、石膏和碳酸钾等可溶性矿物质取出。这种采矿方式会在地下形成巨大的洞穴，洞穴一旦坍塌就会发生地表沉降。

　　一些被遗忘在年代久远的煤矿或者盐矿中的竖井，如果没有进行修复，则可能在上层建筑重压之下垮掉。然而，确定这些矿井的位置一般比较困难。利用地下洞穴的电阻要比周围环境中的物质要高的特点，可以通过监测电场在地下的传播情况来确定矿井的位置和大小。这种技术对考古学家们通过探测地下通道和洞穴来寻找古代人类遗迹可能也有所帮助。

　　在探测过了灾难性坍塌形成的地表破坏之后，下一章我们将看到另外一种由陨石撞击在地表上形成的撞击坑。

11

陨石撞击坑
小行星和彗星对地球的撞击

　　在这一章中我们将对小行星和彗星的情况以及它们对地球的撞击进行一番研究。在地球漫长的历史上，曾经不断受到小行星和彗星的轰击，在早期的时候这种频率要比最近的时期高得多。这对于地球上的生命来说是十分幸运的，因为如果这种天体轰击一直保持很高的频率，那么地球上的生命演化要困难得多。在早期的发展过程中，地球受到严重的轰击，而且很可能遭受过三次与火星大小相近的天体的轰击，月球可能产生于其中的某一次轰击。

　　有时地球会受到一颗山峰般大小的小行星的撞击，这会对地球造成巨大的伤害并造成物种的灭绝。含有大约数千颗彗星的大规模彗星群造成的撞击遍布整个地球，这也是用来解释物种灭绝的原因之一。目前用来解释恐龙灭绝的普遍流行的理论解释是说一个大的小行星或者彗核对地球的撞击造成了恐龙的灭绝，这次撞击形成了一个宽达100英里（约160千米）以上很深的陨石坑，并造成了生态系统的混乱。

由于地球上的地质活动异常活跃，远古时期形成的陨石坑都被抹平，只剩下一些非常模糊的痕迹，这使得寻找陨石坑的工作变得很困难。在内行星和它们的卫星上、外行星及其卫星上都曾经发生过大量十分明显的撞击。由于地球具有更大的体积和更强的重力吸引作用，它受到的陨石撞击很可能是月球受到撞击的数十倍。然而尽管如此，月球上的陨石撞击痕迹仍保存得相对完好。

幸运的是，在地球上仍保留着一些远古陨石坑地形的遗迹，告诉人们地球与太阳系中的其他天体一样也曾经受到相同程度的撞击。已经发现许多惊人的环形地面特征看上去很像撞击形成的陨石坑。然而由于它们轮廓较低而且在岩层中的特征不明显，以前人们并没有把它们确认为撞击形成的结构。在将来，利用卫星上的精密仪器一定能够发现更多的陨石坑，帮助人们对那些发生在很久以前的事情认识得更清楚。

小行星带

在火星和木星的运行轨道之间存在一处小行星带，包含有大约一百万片大小超过一英里的太阳系碎石以及更多的较小物体。由更细小物质构成的黄道面灰尘带沿着主小行星带的内侧绕着太阳运动（图164）。人们认为这些

图164
黄道带内的灰尘带形成于彗星的碎片以及小行星带内侧小行星之间的相互碰撞（图片由美国国家航空宇航局授权）

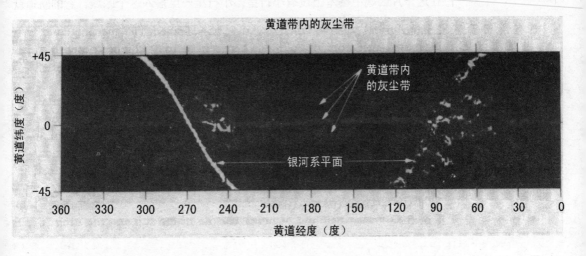

黄道带内的灰尘带

黄道带内的灰尘带

银河系平面

黄道纬度（度）

黄道经度（度）

碎片来自于彗尾和小行星之间的相互碰撞。彗尾由灰尘和气体构成，被太阳风朝着太阳系之外吹去。

小行星并不都是位于主带的轨道上。一群叫做特洛伊的很有意思的小行星处在木星的轨道上。另外有一个小行星一样的天体的轨道绕得很远，它从靠近火星的地方绕到天王星之外。一个叫做凯龙的很大天体的轨道位于土星和天王星之间，对于小行星来说这个位置比较少见。

小行星是太阳系形成之后剩下的物质，由于受到木星强大的万有引力作用，它们不能合并形成单个的行星。相反，它们形成了数个比月球小的小行星和被称作陨星体的宽广的碎片带，这些陨星体是小行星经过无数次的撞击之后形成的碎片。最初小行星带中所有天体的总质量与今天地球的质量相当。不过连续不断的撞击使小行星不断流失，现在它们的总质量大概已不到原来的1%。

很大一部分小行星中含有高密度的铁和镍，这表明它们曾经属于某一个行星核，在一次与其他天体的撞击中分离了出来。一些大的小行星在太阳系形成的早期可能已经熔化并分离了出来。位于小行星带内侧和中部的天体经受了大量的高温过程，曾经发生了行星一样的熔化过程。熔化了的金属与铱、锇等铂族亲铁元素一起沉降到了小行星的内部之后凝固了下来。在漫长的岁月里，不断的碰撞使小行星表面较脆弱的岩石层被剥离掉，金属核被暴露出来。这样每次碰撞都会产生一些致密坚硬的碎片（图165）。

石质的小行星含有高浓度的硅石，密度要低得多，存在于小行星带的内部。而含有高浓度炭的黑色碳质小行星则位于小行星带的外部。在这些区域之间宽阔的区域叫做柯克伍德间隙，命名自美国数学家丹尼尔·柯克伍德，在这一片区域中基本上没有小行星。小行星一旦落入这个区域，它的轨道就

图165

(1) 一颗比月球小的小行星 (2) 在一次巨大的撞击中碎裂 (3) 另外的碰撞形成了那些撞击在地球上的小行星

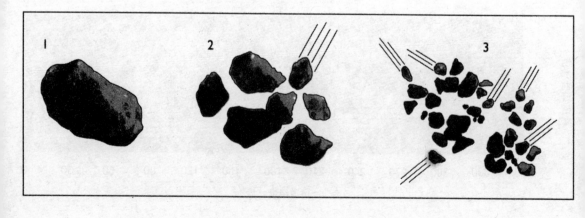

会发生延伸，在小行星带中间进进出出，越来越靠近太阳和小行星带内部的轨道。

小行星和彗星

小行星是一个相对较新的发现。在1801年1月1日，当在火星和木星之间宽阔的区域之间搜索所谓"漏掉的行星"的时候，意大利天文学家朱塞普·皮亚齐意外地发现了小行星谷物女神，她是西西里岛的守护女神。谷物女神的直径超过600英里（约960千米），是已知的小行星中最大的一个（表15）。

小行星这个词来自于希腊语中"像星星一样"的意思，曾被认为是和火星一般大的行星破碎之后的碎片，实际上是未能成形的行星的碎片。因此，小行星为行星的形成提供了有力的证明，而且它们也为研究太阳系早期的情况提供了线索。

小行星和彗星是太阳系中截然不同的天体。在离太阳一光年远的地方有一圈彗星，彗星总数在十亿颗以上，总重量为地球重量的25倍。这个彗星带被称为奥尔特云，命名自荷兰天文学家简·肯德里克·奥尔特。另一个距离太阳稍近一些的彗星带叫做柯依伯彗星带。但是它们仍在冥王星之外更远的

表15　主要小行星基本情况

小行星名称	直径（英里） （1英里≈1.6千米）	与太阳之间的距离 （百万英里）	类型
谷神星	635	260	富碳
智神星	360	258	岩石
灶神星	344	220	岩石质的
健康星	275	292	富碳
英特利亚星	210	285	岩石质的
达比达星	208	296	富碳的
凯龙星	198	1270	富碳
赫克托星	185×95	480	目前未知
狄俄墨得斯星	118	472	富碳的

地方，由于冥王星的运行轨道很奇特，人们推测它可能是一个被太阳系俘获的彗核或者小行星。

彗星是一个混合的行星天体，它的内核由岩石构成，而外层则是由冰构成的（图166）。比如在深邃的太空中漫游了76年之后于1985～1986年再次出现的哈雷彗星就是这样的结构。彗星就像是一个带有少量岩石碎片、尘土和有机物质飞翔着的冰山。人们认为彗星是由外层覆盖有有机化合物和冰层的极小矿物质碎片组成的，在有机物层和冰层中富含氢、碳、氮、氧和硫等易挥发元素。似乎这样来描述彗星可能更合适一些：一颗彗星就是一个用泥做的冰冻球，里面具有相同体积的冰块和岩石。

绝大多数的彗星以高度椭圆的轨道绕着太阳运行，它们运行的距离可以达到行星的上千倍。只有在以极高的速度经过太阳附近的时候，彗星上的冰层开始变得活跃并喷发出大量物质。当彗星越来越深入太阳系内部，一氧化碳冰层首先蒸发，随着彗星后面推动力越来越强，喷发出的水蒸气代替了蒸发的一氧化碳。在太阳风的推动下，水蒸气和其他气体被朝着太阳系的外部吹去，形成了一个背向太阳的绵延百万英里的尾巴。

图166
国家光学天文台观察到的哈雷彗星（由国家光学天文台授权）

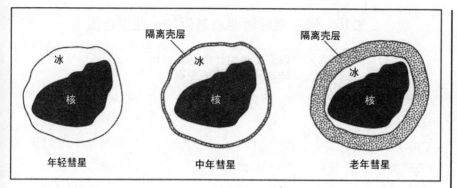

冰
核
隔离壳层
年轻彗星

冰
核
隔离壳层
中年彗星

冰
核
隔离壳层
老年彗星

阿波罗行星带和阿穆尔行星带会经过地球，而且很可能自从它们形成之后就一直如此。经历过漫长的岁月，原来位于它们外层的冰层和气体已经被太阳侵蚀掉了，如今它们暴露出来的表面看起来像是大块的岩石（图167）。它们并不像其他绝大多数的行星一样沿着行星带的轨道固定地运动，它们会靠近甚至穿过地球的轨道。通常在数千万年的时间里，阿波罗小行星带如果没有与太阳系内的一个行星发生碰撞，就会在与一个行星擦肩而过之后进入一个更加宽阔的轨道之中。

在大约1,000多个阿波罗小行星中，已经有十几个被确认出来了。这些已被确认的小行星绝大多数都很小，只有当经过地球附近的时候才能观察到（表16）。在这些经过地球附近的小行星中，有很多并不是产生自小行星带中，人们认为这部分小行星在反复经过太阳之后已经没有了易挥发物质，因而不能再形成彗发或者彗尾了。这些小行星在运行中不可避免与地球或者其他太阳系内部的行星相撞，使它们的数量不断减少，需要一个新的能够形成阿波罗小行星的来源：小行星带或者是燃烧尽了的彗星。

一个彗星在演变成一个小行星之前，首先要进入太阳系内部一个稳定的轨道之内。同时，它的活跃程度会被降低，燃烧尽了之后只剩下一堆主要由岩石构成的物质。甚至一个彗星在与一个较大的太阳系外部行星如木星相遇时被俘获进入一个较短的轨道之后，它围绕太阳运动的轨道也极少是稳定的。要不了多久这颗彗星再次与这颗大行星相遇，此时它会被推向太空深处，而且有可能就此逃离太阳系。

在进入一个短周期的轨道之后，彗星会在这个轨道上绕着太阳不断运动。每经过太阳附近一次，它最外层的物质就会减少几英尺。太阳风会把气体和尘土状颗粒卷走，而较重的硅酸盐颗粒在彗星微弱的引力作用下被拉回到彗星的内核。逐渐地在彗星的外面形成了把太阳热量挡在外面的隔离壳

表16 经过地球时距离最近的一些小行星

天体	以天文单位计的距离（地球与月球之间的距离）	日期
1989FC	0.0046(1.8)	1989年3月22日
赫尔墨斯星	0.005(1.9)	1937年10月30日
哈索尔星	0.008(3.1)	1976年10月21日
1988TA	0.009 (3.5)	1988年9月29日
彗星1491 Ⅱ	0.009 (3.5)	1491年2月20日
莱克塞尔星	0.015(5.8)	1770年7月1日
阿多尼斯星	0.015(5.8)	1936年2月7日
1982 DB	0.028 (10.8)	1982年1月23日
1986JK	0.028 (10.8)	1986年5月28日
阿拉奇—埃尔考克星	0.031 (12.1)	1983年5月11日
戴奥尼夏星	0.031 (12.1)	1984年6月19日
俄耳甫斯星	0.032 (12.4)	1982年4月13日
阿里斯泰俄斯星	0.032 (12.4)	1977年4月1日
哈雷彗星	0.033(12.8)	1837年4月10日

层，彗星上的气体等不再向外面排放，这时的彗星看上去就像一个小行星一样了。

陨石坑形成速率

行星科学研究的一个主要目的是通过对行星及其卫星的地质历史进行对比来建立一个基于撞击坑形成过程的相对时间尺度。通常在年代越久的表面上形成的陨石坑越多。陨石坑众多的月球高地是月球上最古老的地区。这里有大概40亿年前的强烈撞击的历史纪录。从那以后，撞击的次数急剧下降，而且此后发生撞击的频率一直保持在比较低的水平。如果在地球的历史上陨石撞击一直以一个高的频率发生，地球上的生命演化过程将从根本上被改变。

在太阳系内部不同的范围，陨石坑形成的速率似乎也不同。在过去几十亿年的时间里，小行星和彗星形成陨石坑的速率以及它们形成陨石坑的总数表明，在地球及它的卫星上与其余太阳系内部行星上陨石坑形成速率十分接近。不过，外部行星的卫星上陨石坑的形成速率可能远低于太阳系内部天体上的形成速率。然而在太阳系外部天体上与内部天体上形成的陨石坑的大小却是相当的（图168）。

月球和火星上的陨石坑形成速率基本上是一致的，只不过在火星上风与冰等侵蚀力量把许多陨石坑抹平了（图169）。事实上在火星上发现的流过陨石坑的水流通道的痕迹表明在某一个时期火星上曾经有水流存在过。然而在月球上对陨石坑进行破坏的主要作用却是来自其他的撞击作用。月球上有太多相互重叠的陨石坑，这样使得确定出陨石坑相对应的地质顺序经常是十分困难的。而实际上火星上的陨石撞击速率可能要高于月球上的，原因很大程度上可能是因为火星距离小行星带更近。火星上大体积陨星造成的撞击直到距今两亿年到距今4.5亿年前仍有发生，而绝大多数的陨石坑都是形成于数十亿年前。

地球上的陨石坑形成的年代范围从几千年前到两亿年前之间。在过去的30亿年间，地球上的陨石坑形成速率相当稳定，而能够形成直径30英里（约48千米）以上的大规模撞击每隔5,000万年到1亿年发生一次。每隔上百万年的时间，能够造成直径10英里（约16千米）以上陨石坑的陨星撞击发生的次数可能多达三次。大规模陨星撞击的发生似乎有一定的周期性，每隔2,600万年到3,200万年发生一次，在一个相近时间尺度上发生的物种灭绝可能与

图168
水手10号得到的水星上的分布有众多陨石坑的地形（由美国国家航空和宇航局授权）

图169
海盗1号在1980年6月得到的图像，火星上众多的陨石坑表明了风力侵蚀的效果（由美国国家航空和宇航局授权）

此有关。

目前已经发现的150多个陨石坑分布在世界各地，其中绝大多数的形成时间不超过两亿年（表17）。尽管陨石坑形成速率在过去的30亿年间相当

表17 大型陨石坑或冲击构造的分布情况

名称	位置	直径（英尺 1英尺≈0.3米）
AI Umchaimin	伊拉克	10,500
阿马克	阿留申群岛	200
阿姆吉德	撒哈拉沙漠	—
奥威罗	西撒哈拉沙漠	825
巴格达	伊拉克	650
博克斯霍尔	澳大利亚中部	500
布伦特	安大略湖，加拿大境内	12,000
坎普	阿根廷	200
丘伯	昂加瓦，加拿大	11,000
克鲁克德·克里克	密苏里州，美国	—
达尔加朗加	澳大利亚西部	250
迪普贝	萨斯喀彻温省，加拿大	45,000

（续表）

名称	位置	直径（英尺
齐瓦	撒哈拉沙漠	—
达克沃特	内华达州，美国	250
弗林克里克	田纳西州，美国	10,000
圣劳伦斯湾	加拿大	—
哈根斯湾	格陵兰岛	—
哈维兰	堪萨斯州，美国	60
亨伯利	澳大利亚中部	650
霍里福特	安大略湖，加拿大境内	8,000
卡里加夫	爱沙尼亚	300
肯兰德杜姆	印第安纳州，美国	3,000
克弗斯	奥地利	13,000
博苏姆推湖	加纳	33,000
马尼夸根水库	魁北克省，加拿大	200,000
梅里维勒	拉布拉多，加拿大	500
密特尔克雷特	亚利桑那州，美国	4,000
诺里埃山	法国	—
多里恩山	澳大利亚中部	2,000
穆尔加布	塔吉克斯坦	250
新魁北克	魁北克省，加拿大	11,000
诺德里	德国	82,500
敖德萨	德克萨斯州，美国	500
比勒陀比亚·索尔特潘	南非	3,000
塞尔邦芒德	俄亥俄州，美国	21,000
谢拉马德雷	德克萨斯州，美国	6,500
锡林特山	西伯利亚，俄罗斯	100
施泰因海姆	德国	8,250
塔莱姆赞	阿尔及利亚	6,000
泰努莫	西撒哈拉沙漠	6,000
弗里德堡	南非	130,000
威尔斯·克里克	田纳西州，美国	16,000
沃夫·克里克	澳大利亚西部	3,000

稳定，但是在侵蚀力或地面沉积物过程的作用下，年代越久远的陨石坑数量越少。截至目前，已经发现的形成时间在1亿年以内的陨石坑只占到预计总数的10%。已知的陨石坑中有将近2/3分布在被称为克拉通的稳定地区内。克拉通地形位于大陆内部，由十分坚固的岩石组成。在克拉通地形中侵蚀现象和其他破坏地形的过程发生比较少，使得陨石坑能够保持相对较长的时间。

陨石撞击

关于陨星的来源问题，最合理的解释是它们来自火星和木星轨道之间很宽范围内的小行星带。一些小行星可能是已经死亡的岩石彗核部分，这些彗星在外部的冰层蒸发完之后进入了环绕太阳运动的轨道。在南极洲冰盖上发现了一些十分罕见的陨星，它们可能是来自火星的碎片，在火星受到体积很大的小行星撞击之后来到了地球上。在地球上甚至可能会发现来自月球的碎片，因为较大体积的小行星对月球的冲击可能使得这些碎片来到地球。

小行星的大小在直径一英里到数百英里之间（图170）。这些个头较大的小行星加上小行星带中无数较小的碎片的总质量不到地球总质量的1%。即使只有1英里（约1.6千米）大小的小行星轰击地球之后也能造成极大的破坏。然而，这些大块的岩石碎片是如何进入与地球运动轨迹相交叉的运动轨道，至今仍是一个谜。小行星的运动似乎十分稳定，它们已经沿着环形的轨道运行了数百万年的时间。然后在某种未知力量的作用下，它们的轨道会被拉伸，形成一种非常椭圆的轨道，在这种轨道上运行的小行星中有一部分会运行经过距离地球很近的地方。

如果一个大的小行星撞在一个行星之上，将会激起巨大数量的地表沉淀物，并形成一个很深的陨石坑（图171）。颗粒较细小的物质会被高高地抛向空中，而颗粒粗大的物质则会沉积落下来沿着陨石坑形成高高地耸立的边缘。在这个过程中，不仅是陨石坑附近的岩石会被击碎，形成的冲击波在穿过底层传播过程中会引起岩层的冲击变质，造成岩层组分和晶体结构的改变。

最明显的冲击效应是岩石分裂成圆锥状或者条纹状，由于具有圆锥状的外形产生的这种地形叫做溅落锥。在颗粒细小几乎没有内部结构的岩层中最易于形成这种地形，比如在石灰石或者石英岩中。大的陨星对行星造成

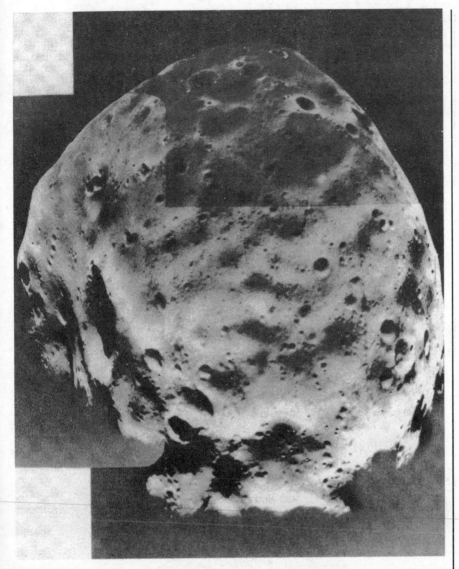

图170
火卫一的照片，13英里（约21千米）大小，认为是一颗被火星俘获的小行星（图片由美国国家航空宇航局授权）

的撞击还会形成受冲击的石英岩颗粒，会在表面形成明显的条纹状结构（图172）。高压冲击波会在石英或者长石等矿物质的晶体上产生剪切应力，形成上述的结构，在岩层上形成平行的裂缝区叫做纹层。

撞击产生的巨大冲力会形成很高的温度把一些沉积物融化成玻璃状的球粒，都是一些极小的球形体。在南非发现的有35年历史的球粒形成的沉积层在局部的厚度超过了1英尺（约0.3米）。在澳大利亚西部也形成了具有相近历史的球粒。在墨西哥湾发现的球粒层的厚度达到3英尺（约0.9米），人们

图171
一个大型陨石坑的结
构示意图

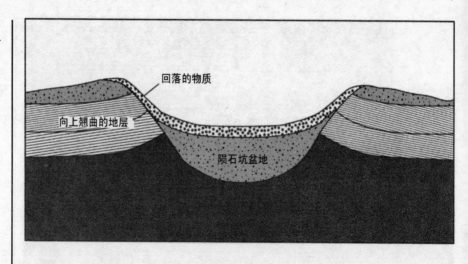

回落的物质

向上翘曲的地层

陨石坑盆地

认为这些球粒与6,500万年前希克苏鲁伯在墨西哥犹加敦撞击形成的结构有
关。这些球粒与月球土壤中及碳质球粒陨石中的陨石球粒（圆滑状的）很相
似，这些球粒状陨石其实是一些含碳量非常高的陨星。这个发现也表明在地
球历史的早期大量的陨星撞击对于地球表面形貌的形成起到了很重要的作
用。另外，这些含碳量非常高的陨星的到来也可能给地球上生命最初的形成
提供了必要的原料。

在全世界范围都发现了形成于6,500万年前即白垩纪和第三纪交替期的
沉积层（图173），而这种沉积层正是恐龙和其他许多物种灭绝的标志物。

图172
一次大型陨石撞击中
高压冲击波在晶体表
面形成的条纹

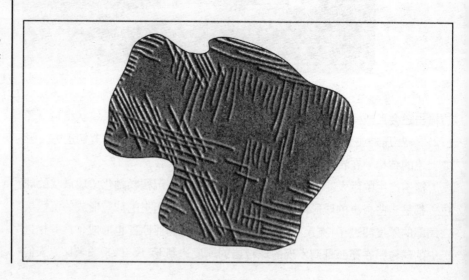

图173
科罗拉多州杰佛森县，白垩纪和第三纪交界处位于图中中央位置白色砂岩的底部，在山脚附近。（摄影R.W.布朗，由美国地质调查局授权）

这些沉积层中含有具有明显的薄层状结构的冲击石英颗粒，由撞击产生的炙热碎片在大气层中漫天飞舞引起的全球森林大火形成的常见灰烬，以及在地球上本来不存在而在陨石和彗星中含量丰富的铂的同位素金属——铱。在这些沉积层中还发现了两种只存在于这些陨石中的氨基酸。此外，在沉积层中还存在着一种致密的硅石——超石英，这种物质除了在陨石撞击地区外在地球上其他地区都没有发现过。

　　寻找陨石撞击位置的活动主要集中在加勒比海沿岸，在那里除了发现有厚厚的海浪沉积的卵石层之外还有从陨石坑中喷射出的已经熔化和碎裂了的岩石。一颗小行星可能曾经撞击了墨西哥犹加敦半岛上的希克苏鲁伯城镇，其威力相当于100万亿吨的TNT炸药，或比现在地球上所有核武器威力总合还要大1,000倍以上。如果撞击的位置是在离海岸不远的海地上，6,500万年的时间足够形成厚厚的沙层和泥土层把它埋在下面了。此外，如果这颗小行星是落在了海里，它还会激起巨大的海浪形成一次海啸，卷起海底的沉积物把卵石等沉积在附近的海岸上。

陨石坑建造

　　位于亚利桑那州温斯洛以西15英里（约24千米）的陨石坑又叫巴林杰陨石坑，是地球上最壮观的陨石坑之一（图174）。它方圆接近4,000英尺（约

图174
位于亚利桑那州科克尼诺县的陨石坑（图片由美国地质调查局授权）

1, 200米），深560英尺（约170米），由于它所在的地区火山活动很频繁，刚开始的时候人们误以为它是一个火山坑。然而，它清晰的轮廓与月球上的陨石坑更为相似。人们在陨石坑的中央部位和超过沙漠平面135英尺（约41米）高的南部边缘钻孔来寻找形成陨石坑的那颗陨石，但是没有找到。然而，在陨石坑的周围却散落着数吨重的金属质陨石碎片，表明这颗陨石是铁镍质的，直径约200英尺（约60米），重接近100万吨。在那次撞击中释放出的能量相当于2,000万吨TNT当量，赶得上威力最大的核武器的力量了。

高速运行的大块陨石在发生碰撞时会完全碎掉。在撞击过程中，陨石形成的陨石坑的宽度通常比陨石大20倍以上。一次大块陨石的撞击会在下面的岩层中和陨石中形成数百万个大气压压力的冲击波。在陨石冲进地面的过程中，它会把岩石挤开，并把自己压平，随后碎裂，它破碎了的碎片从陨石坑中飞溅而出，被激起的还有受到冲击熔化了的陨石，已经熔化和气化了的岩石以很快的速度从陨石坑中冲出，只留下一个深深的陨石坑（图175）。

随着从陨石坑中溅出物质的不断增加，形成了一个快速扩张的柱体。柱体的底部可以达到数千英尺见方，而顶部则可以到达空中数英里的地方。周围绝大部分的空气都被陨石撞击产生的冲击波赶走了。这个巨大的柱体会转变成为巨大的黑色尘土云层，就像氢弹爆炸时形成的蘑菇云般直冲云霄。而实际上，核武器爆炸与大型陨石撞击之间存在着惊人的相似之处。

由于岩石的相对强度不同，陨石坑的直径随发生撞击的岩石的类型不同而变化。一个由晶体岩石形成的陨石坑可以比一个由沉积岩石形成的陨石坑大两倍。一些简单的陨石坑，比如密特尔陨石坑，形成一个直径2.5英里（约4千米）很深的盆地。一些更大的陨石坑，叫做复杂陨石坑，要浅得多，它们的宽度要比深度大100倍以上。在这些复杂陨石坑的中央部位通常都会有一个隆升构造，被环形的槽和破碎的边缘包围。与月球和海底的陨石坑中间的隆起十分相似。

冲击构造

在世界上的很多地方都分布有撞击形成的地质结构（图176）。它们是质量较大的陨石落在地面上时产生的瞬间冲击形成的环形地面特征，小的有1英里（约1.6千米）大小，大的可达50英里（约80千米）甚至更大。一些撞击形成的陨石坑清晰可见，而另外一些只留下以前陨石坑的微弱轮廓。在后

图175
一个大型陨石坑的形成过程示意图

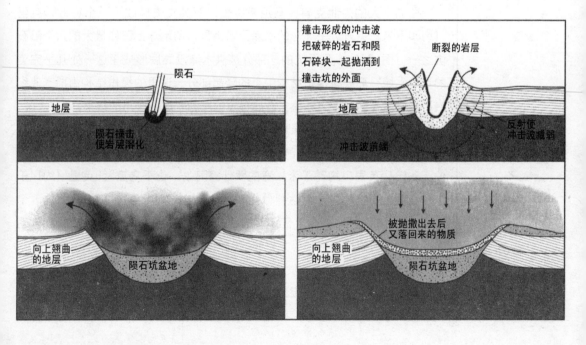

图中文字：
撞击形成的冲击波把破碎的岩石和陨石碎块一起抛洒到撞击坑的外面
断裂的岩层
陨石
地层
陨石撞击使岩层溶化
冲击波前端
反射使冲击波减弱
向上翘曲的地层
陨石坑盆地
被抛撒出去后又落回来的物质
向上翘曲的地层
陨石坑盆地

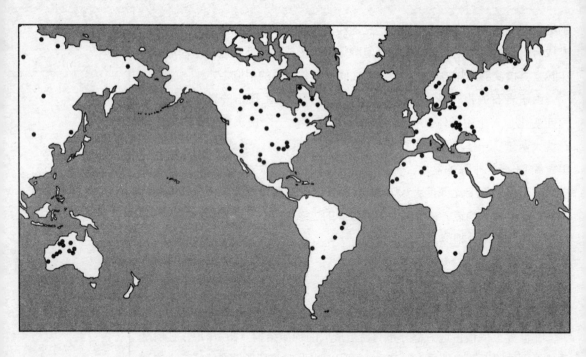

图176
部分已知的陨石坑在全世界的分布情况

一种情况下，能证明它们存在的证据可能是一个环形的错乱区，在错乱区里面岩石被震动变质作用改变。震动变质作用要求有瞬时的高温高压条件，与地球内部深处的环境很相似。

在加拿大的魁北克省，马尼考尔根河及其支流形成了一个将近60英里（约96千米）见方近乎环形的水库，它也是目前地球上已知最大的六个陨石坑之一（图177）。陨石坑的一部分被洪水淹没之后形成了这一处几乎完美的环形水域，环绕着撞击结构中央的隆起部分。这里的撞击结构由前寒武纪岩层构成是受到大型天体撞击之后导致的震动变质再作用的结果。

位于加拿大马尼托巴温尼伯湖西北部有25英里（约40千米）宽的圣马丁撞击结构，几乎完全被新一代的岩层埋在了下面。另外三个撞击结构分别是位于法国16英里（约26千米）宽的罗什舒阿尔，位于乌克兰9英里（约14千米）宽的陨石坑和位于北达科他州6英里（约10千米）宽的陨石坑。这五个陨石坑似乎形成于大约2.1亿年前的同一时间，这个时间正好与三叠纪末期爬行动物的大规模灭绝和恐龙兴起的时代吻合。

在许多撞击过程中会发生多次的碰撞，形成一组两个或者两个以上的陨石坑紧靠在一起。这是因为彗星或小行星在碰撞之前已经在外太空或大气层中碎裂为几部分，而每一部分的撞击都会形成一个陨石坑。在乍得北部的撒哈拉沙漠中一串三个7.5英里（约12千米）宽的撞击陨石坑显然是由一个1英里宽的物体破碎之后的急速撞击形成的。在俄罗斯喀拉海和乌斯季喀拉以及在黑海北部海岸古谢夫和卡缅斯克地区出现了两组孪生陨石坑，是同时形成的，两者相距只有数十英里。2～10英里（约3～16千米）宽的八个轻微倾斜的洼地横跨伊利诺斯州、密苏里州和堪萨斯州东部，平均距离为60英里（约96千米）。在阿根廷的里各夸尔托附近有10个椭圆形的陨石坑形成一串，最大的有2.5英里（约4千米）长、1英里宽，沿着30英里（约48千米）的一条线分布着，表明一个500英尺（约150米）宽的天体在以一个较小的角度与地面碰撞之后发生碎裂，随后这些碎片被地面弹起在地表上开挖出深深的痕迹。这个过程大概发生在2,000年前。

地球上绝大多数的陨石撞击痕迹已经被活跃的侵蚀过程抹去很久了。这些侵蚀过程包括降雨、风力、冰川活动、冰冻和解冻过程以及动植物的活动。在地球上水循环系统把绝大多数的撞击结构都抹去了，而在月球和火星上由于没有这样的水循环系统，绝大部分的陨石坑得以保留下来。地球上最高的山峰和最深的峡谷都是侵蚀力量的杰作，这样看来就不用提那些陨石坑了，它们当然逃不过风化力量的作用。沙漠中的陨石坑倒是个例外，因为那里没有足够的降雨，北极的苔原带地区也如此，那里的地形历经几个时代都

图177
空间实验室1973年拍摄的加拿大魁北克省的马尼考尔根撞击结构图片（由美国国家航空和宇航局授权）

不发生改变。

一些比较大的陨石坑其直径与深度分别达到12英里（约19千米）与2.5英里（约4千米）以上，显然这些陨石坑并不会受到侵蚀力量太大的影响。这些陨石坑之所以能免受侵蚀，是因为地壳实际上是浮在一层致密流动的地幔之上的。在侵蚀过程中，地表上的物质被逐渐从大陆的一处移走，这个过程受到浮力的严密控制以保证地壳的漂浮状态。因此在地壳的平均高度落到海平面以下之前，顶多只有陆地顶层之上2～3英里（约3～5千米）的底层会被侵蚀掉。

有一些非常大的陨石坑深度极大，这样即使整个大陆都被侵蚀力量抹平了，一些微弱的痕迹仍然能保留下来。一些极大的陨石撞击之后形成陨石坑的深度能够暂时达到20英里（约32千米）甚至更深，从而使得下面炽热的地幔层暴露出来。地幔以这种方式暴露出来之后会导致巨大的火山喷发，向大气中释放出极大数量的灰烬，其数量将超过目前为止所有单个陨石在大气中形成的物质。

在捷克共和国的西部，绝大部分土地都是一个看起来是世界上最大的陨石坑。这个陨石坑的中心位置在首都布拉格附近，它直径约200英里（约320千米），至少有1亿年的历史。集中的环形高地和洼地环绕着布拉格，而这也与布拉格盆地实际上正是一个大的陨石坑的推测相吻合。除此之外，在盆地南部边缘的拱形区还发现了在撞击中被融化的熔融石。这个地区环形的轮廓是在一幅气象卫星拍摄的欧洲和北非地区的图像中发现的，可能是由于它过于庞大，在以前人们没有注意到它。

有几种方法可以用来寻找在地面之上看不见的大型撞击陨石坑。地震调查能够发现位于厚厚的沉积层之下地壳中的环形扭曲变形。重差计可以探测到岩层变形之后出现的重力异常。由于许多落到地球上的陨石都是铁镍质的，因此可以有精密的磁学仪器——磁力计来对它们进行探测。表面的地质形貌也能告诉人们在哪里岩层在撞击作用下扭曲变形，或者向上突起形成一个环形的地质结构。例如，田纳西州10英里（约16千米）宽的威尔斯克里克构造位于原本平坦的古生代岩层中，经隆升形成两个同心向斜（地层向下弯曲），两个向斜中间被一个背斜分开（地层）向上弯曲。

陨石

陨石的降落是一种很常见的现象，在整个人类历史上都有曾观测到这种现象。只有体积足够大的流星在通过大气层时不被烧尽才能到达地球。落到地球表面的流星叫做陨石，称它为陨石是把它定义为一种石头。这些含有岩石和铁的陨石似乎并不是来自彗尾形成的陨星流，而是小行星在不断碰撞之后跌落的碎片。

历史学家们经常争论说，是1803年在法国诺曼底地区莱格勒发生的一次落下3,000块石头的壮观的陨石雨激起了早期研究陨石的热潮。然而，这种奇观在此之前9年就曾经发生过。1794年6月6日在意大利的锡耶纳曾经发生过一次大规模的陨石雨。那是近代历史上一次最壮观的陨石降落过程，揭开了陨石研究科学的序幕。

最早的陨石降落的记录是由古代的中国人在公元前17世纪完成的。不过在中国地区的陨石降落很罕见，而且到目前为止也没有在中国发现过大的陨石。最古老的陨石是1492年6月16日落在法国阿尔萨斯昂西赛姆外面的一颗120磅重的陨石，至今这块陨石还保存在一个博物馆里。在美国发现的最重的陨石是16吨重的威拉米特陨石，它可能是在过去数百万年间的某一个时间里落到地球上的。1902年在俄勒冈州的波特兰附近发现了这颗长10英尺（约3米）、宽7英尺（约2米）、高4英尺（约1.2米）的陨石。

人类亲眼看到其降落过程的最大的陨石之一是一颗重880磅（约400公斤）的陨石，它在1886年3月27日落在了阿肯色州帕拉古尔德附近一个农民的农田里。已经找到的最大一块陨石叫做荷霸西，位于西南非洲（纳米比亚）赫鲁特方丹的一处农田里，这颗陨石重约60吨。观测到降落过程的最重的一块陨石于1948年3月18日降落在堪萨斯州诺顿县的一处玉米地里，这颗陨石在地面上凿出了一个宽3英尺（约0.9米）、深10英尺（约3米）的大坑。

陨石降落经常发生，每天都有成千上万颗流星雨降落在地球上。偶尔流星雨中还会带有几十万颗极小的石头。每年都会产生一百万吨以上的陨石类物质。幸运的是绝大部分的流星在通过大气层时都烧尽了，燃烧之后形成的灰烬进入大气层形成了尘土。

如果一个流星在穿越大气层即将结束的时候发生爆炸，就会形成一种叫做火流星的明亮的火球。1933年3月24日一个特大的火流星形成的大火球一路闪耀着火光穿过了美国。有一些火流星十分耀眼，即使在白天也能看到。偶尔在地面上能听到爆炸声，听起来有点像超音速飞行器的轰鸣声。据估计在全世界每天形成有数千颗的火流星，但绝大部分人们都没有注意到。

每年有500颗以上的大型陨石降落在地球上，其中绝大部分落在了海里并沉积在海底。由于受到空气的阻力，绝大部分降落在陆地上的陨石只进入到地面以下较浅的深度。在温度较低的大气层底部的冷却作用下，部分陨石在落到地面上时并不是热的，甚至有些陨石在落到地面上时会在表面形成一层薄冰。当然陨石也会造成严重的破坏，许多陨石曾经撞在了房屋和汽车上。

尽管只占陨石总数的5%，最易辨认的陨石还是铁质陨石。它们里面除了铁和镍之外还含有硫、碳以及少量的其他元素。人们推测陨石的成分与地球铁质核心的成分很接近，而实际上这些陨石可能是一个很久以前分裂了的大行星核心的一部分。由于结构致密，铁质陨石在碰撞中存留下来的机会更大，其中绝大部分是在农民耕地的时候发现的。

在南极洲的冰川之上，有一处寻找陨石的最佳地点。在那里黑色的陨石在白色的冰雪之上显得特别显眼。当陨石落到这块大陆上之后，它们就嵌入了流动的冰层里。在一些地方冰川相对于山脉地区向上运动，在冰层融化之后陨石就在表面暴露了出来。人们相信一些落在南极洲大陆上的陨石来自月球甚至更远的火星（图178），一些大规模的碰撞会激起大块的物质并把它们送到地球上。

大概世界上最大的陨石集中地是纳勒博平原，那里是一片沿着澳大利亚西部和南部海岸延伸400英里（约640千米）的石灰石岩地区，清一色的灰色沙漠地区为搜索一般为深褐色或黑色的陨石提供了极好的背景。由于这里发生的侵蚀过程极其轻微，陨石基本上保持了降落时的位置而且保存得相当完好。人们发现了在过去20,000年间降落的150颗陨石形成的1,000颗以上的碎片。其中一块叫做曼德拉比拉的大型铁质陨石，重量超过11吨。

石质陨石是陨石中最常见的种类，它们占落在地球上的陨石数量的90%以上（图179）。不过由于它们的组分与地球上的物质很相近，因此它们很容易受侵蚀过程的影响，导致在地球上很难见到这种陨石。这种陨石由球粒状的颗粒均匀的碳酸盐矿物质构成。这种球粒被称作陨石球粒，来自希腊语"颗粒状"的意思，这种陨石因此被称作球粒状陨石。绝大多数球粒状陨石的组分与地幔中的岩层很相近，这表明这些陨石是很久以前碎裂掉的大型行星的一部分。最重要也是最吸引人的一种球粒状陨石是碳质球粒陨石，它们是太阳系中最古老的天体之一。这些陨石里面也可能还有为地球上的生命形成提供必要条件的碳类化合物。

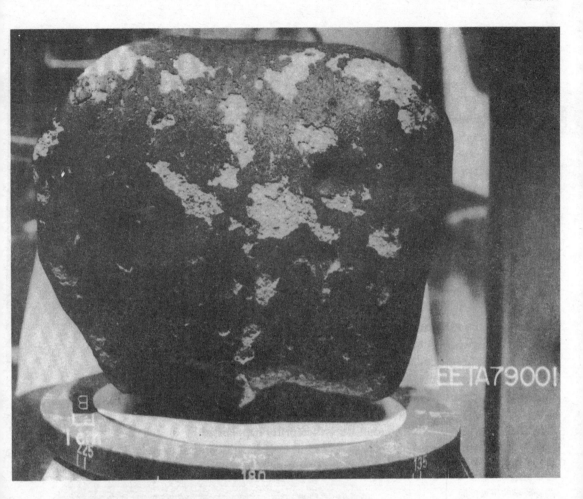

陨石散布区

熔融石来自于希腊语中"熔化了"的意思，是一种玻璃态的物体，颜色在深绿色、棕黄色到黑色之间变化（图180）。熔融石一般都比较小，虽然也发现过一些和拳头差不多大的熔融石，但是通常和鹅卵石差不多大小。熔融石具有多变的形状，从不规则形状到包括椭圆形、桶状的、梨形的、哑铃状或纽扣状的球形外表。它们的表面上还有一些可能是在穿过大气层发生固化时形成的标记。

与陨石不同，熔融石具有明确的化学组分。陨石的组分与火山质的玻璃态黑耀石很相像，但是在陨石中的气态物质和水分含量要少得多，而且里面

图178

1981年在南极地区发现的一块陨石，它可能来自火星（图片由美国国家航空和宇航局授权）

图179
在西澳大利亚发现的沃夫克里克陨星，在切割面有明显的裂纹生成（摄影G.T.浮士德，美国地质调查局授权）

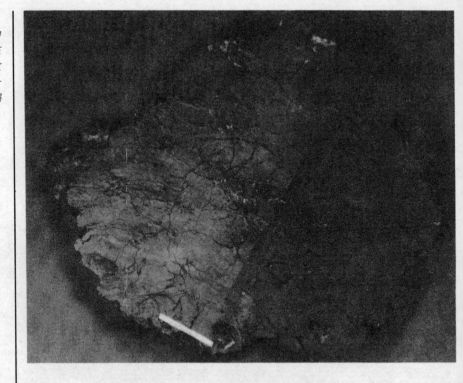

图180
1985年12月在德克萨斯州发现的北美熔融石，表面受到侵蚀，具有明显的侵蚀特征（摄影E.C.T.曹，美国地质调查局授权）

没有微晶粒，在任何一种火山玻璃体中都没有发现过这种特征。熔融石中含有大量的与制造玻璃中采用的纯净石英砂相近的硅石。实际上，熔融石更像是由大型陨石撞击时导致的高温形成的天然玻璃体。撞击使大量的物质分布在很宽很远的范围内，而熔化了的液态岩石则在空气传播的过程中凝固成各种各样的形状。

由于熔融石与地球上岩层的组分更为接近，因此它们不会是来自地球之外。根据熔融石在地球表面的分布情况可以判定它们当初被一种很强大的作用以很高的速度发射出去，这种作用可能是一次大型陨石的撞击或者大规模的火山喷发。不过要把熔融石散布在世界上近一半的地区，地球上火山喷发的力量是远远不够的（图181）。世界上最大的熔融石散落区位是澳大利亚散落区，它一直从印度洋、中国南部、东南亚地区、印度尼西亚、菲律宾延伸到澳大利亚。这个区域大概散落着1亿吨超过750,000年历史的熔融石。澳大利亚的熔融石都是圆形或者浑圆的，在这些熔融石里面基本没有内应力。

散落在埃及西部沙漠中的神秘玻璃体碎片是在3,000万年的一次巨型撞击中熔化形成的。在利比亚沙漠中也发现有大块的拳头大小的玻璃体碎片。对微量元素的分析表明这些玻璃体形成于在沙漠地区的一次撞击中。根据自身的撞击熔化和高的铱含量，南非有20亿年历史的弗里德堡结构被确认为是撞击形成的构造。

震动变质矿物质分布在从加拿大到墨西哥的整个北美大陆，被确认为形成于6,500万年前恐龙灭绝时期的一次大规模撞击。在新墨西州东北部的拉

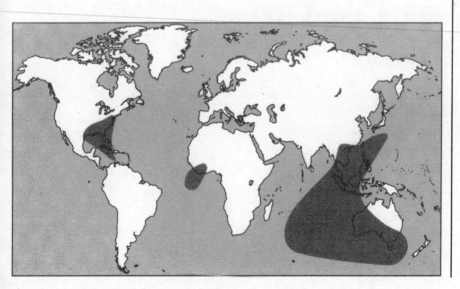

图181
全世界分布的熔融石的主要散落区

顿盆地发现的震动石英和长石颗粒表明那次撞击要么发生在陆地上，要么发生在大陆架上，因为在海洋地壳上极少发现这些物质。这些撞击形成的颗粒尺寸较大，表明撞击过程就发生在附近的某个地方，大概在散落在1,000英里（约1,600千米）以内的范围。

在爱荷华州的曼森一处22英里（约35千米）宽的陨石坑被埋在100英尺（约30米）厚的冰碛之下。对于那次巨型撞击来说，这里是一个理想的地点。曼森的岩石中的组分、曼森的形成时间和位置，与形成了美国西部大尺寸的震动石英和长石的那次大撞击都能吻合。

在海洋里也可能存在着古代撞击结构的遗迹。考虑到地球表面的3/4被海洋覆盖着，绝大部分的陨石都落入了海洋中，有几处已经被确认为可能的海洋陨石坑所在地。最有名的海下撞击陨石坑是位于诺瓦·斯科舍东南海岸125英里（约200千米）长、35英里（约56千米）宽的蒙塔格奈结构。这个陨石坑有5,000万年的历史，而且与干燥陆地上的陨石坑很相似，不过它的边沿位于海面以下375英尺（约110米）的位置，而陨石坑的底部则在海面以下9,000英尺（约2,700米）的地方。

这个陨石坑是由一个宽达2英里（约3千米）的大型陨石撞击形成的。这次撞击形成了一个环形山，与月球上陨石坑中的山类似。这个结构中同样含有突然的撞击形成的熔化的岩石。像这样的一次大型撞击可能形成了一次巨大无比的潮汐浪，把附近的海岸地区都淹没。由于这个陨石坑的大小和位置，人们猜测它可能是散落在北美洲的熔融石的来源。不过这个陨石坑的年代要比熔融石万数百万年，因此它不可能是那些熔融石的来源。不过在巨大的海洋下面一定还能发现其他的陨石坑。

在调查过了陨石撞击效应之后，下一章中我们将会看到一些地球上最不寻常的地质结构。

12

独特的形成过程

奇石的形成

在这一章中我们将会去参观一系列特殊的地质活动形成的岩石构造和地质结构。如果没有这一系列地质过程形成的众多独特的地质结构，地球的结构将是不完整的。共同作用在地表上的力量有许多种，包括地壳板块的相互碰撞、重力作用下的撞击作用、侵蚀力量和坍塌等。在这些力量作用下形成了丰富多彩的独特地质结构，大到地壳中的大型构造，小到单个石块中的刻划结构。

侵蚀力量不仅在改变着陆地上的地貌，也改变着海底的形貌，形成了风蚀盆地和复杂的海底地质结构。在地面上和海底，高压下的气体会喷发出来。地球的地面上有众多的洞穴，包括壶穴、沉降洞穴和无数的火山口。在众多独特的地质结构中，最有特色的是喷气孔和热泉、火山口湖泊与熔岩湖泊。在地球上众多的奇观中，只有少数一些形成于地球本身的地质活动。

石碑

在崎岖的美国西部地区，分布着许多坚固的顶层岩石形成的石碑。顶层的岩石对下面的沉积物起着保护作用，当周边地表被侵蚀之后，就剩下在石头中形成的高高耸立的顶点。欣赏这种景观最好的去处大概是位于亚利桑那州与犹他州福科纳斯附近的莫纽门特谷地。与高达1英里（约1.6千米）的科罗拉多高原上的石碑汇聚起来的情况不同，在这里岩石尖顶、平顶山、粗糙的峭壁散落在整个莫纽门特谷地中的沙漠地面上（图182）。

位于亚利桑那州、犹他州、科罗拉多州和新墨西哥州的福科纳斯，最吸引人的是那里的高原沙漠景观，包括高耸的平顶山、宽阔的山谷和深深的峡谷。在这些景观中最令人难忘的是位于亚利桑那州北部的大峡谷。大峡谷长250英里（约400千米），宽10英里（约16千米），深1英里（约1.6千米）。科罗拉多河对五亿年的积累沉积层以及前寒武纪基岩层的侵蚀过程与地质隆升运动共同在地壳中开凿了这条大峡谷。大部分峡谷的形成并不是一点一点地进行的，而是通过在整个峡谷岩壁上发生大规模的滑坡形成的（图183）。

在这个地区还分布着一些巨大的岛山，岛山这个词来自于德语"小岛上的山"的意思。岛山是高于周围平原上整体高度的孤零零地分布的单个高地。岛山与点缀在美国东部的残山很相似，在美国东部孤立的山峰、小山和准平原都是单个存在的高地。残山是矗立在地表之上的侵蚀残迹，典型特征有山脊、穹顶和小山。这种从地面到岛山的突然转变显然与具体残迹的岩石结构和具体的地表形貌有关。

福科纳斯地区的地形结构基本上是水平的，沉积地层在局部地区变形为宽阔的穹顶、盆地或单斜层。单斜层是在基面相当平坦的地区中出现的一处倾斜得非常陡峭的沉积地层。位于犹他州东南部鲍威尔湖附近的沃特波克特褶皱是单斜层典型之一（图184）。在许多单斜层地形的两侧会出现成排的熨斗地形，由于地层中不同部分风化情况不同，使这些熨斗地形显露出来。这些熨斗地形看起来就像一个挨一个排列起来的老式蒸汽熨斗。在犹他州、怀俄明州和科罗拉多州陡峭的褶皱地形中分布着大量的这种结构。

图182
亚利桑那州纳瓦罗县
亨茨高地顶部的莫纽
门特谷地 (照片由美
国地质调查局I.J.维
特坎德授权)

　　一些石碑孤单地矗立着，仿佛是那些把它们在古岩石层中开凿出来的独特地质活动的证明者。在瓜达卢普山国家公园中的埃尔卡皮坦峰由耸立在它倾斜两翼上的大块石灰石组成。有时一种被称作烟囱岩石的长长岩石尖顶正处在周围地形的正上方。位于内布拉斯加州斯科特断崖附近的烟囱石国家历史公园就是这样的一个岩石尖顶，它得名于矗立在大草场中央高800英尺（约240米）的一处断崖。而科罗拉多州西南部的烟囱石镇则得名于矗立在附近的一处岩石尖顶。

　　在新墨西哥州的西北部，一处被称做船岩的参差不平的石碑高达1,400英尺（约430米），耸立在周围平坦的地面上。这个火山颈是一处古老火山的遗迹，这座火山上次喷发是在3,000万年前。大型的岩墙就像车轮上的轮

265

辐一样沿着三个方向向外辐射出去。位于怀俄明州东北部的魔鬼塔是一处比周围平原高出1,300英尺（约400米）的被侵蚀的火山（图185）。它由曾经填充在火山主要进口或者出口中的岩浆凝固之后形成，在侵蚀作用下只剩下耐侵蚀的岩层孤零零地矗立在那里。在它的两侧，这处石碑被冷却过程中收缩的岩浆形成的圆柱状节理打断，形成了分布在整个石碑上的碎片。

魔鬼似乎在加利福尼亚州也搞过破坏。在约塞米蒂国家公园中的魔鬼桩

图183
位于亚利桑那州科克尼诺县的大峡谷（照片由美国地质调查局授权）

图184
犹他州加菲尔德县向
上翘曲的瑟克尔陡崖
和陡峭的沃特波克特
褶皱地面（照片由R.
G.卢埃德克拍摄，美
国地质调查局授权）

垛中有一组位于大型熔岩流中的六边柱体岩石之上的岩石（图186）。岩浆流冷却之后开始收缩，形成了沿着整个岩浆流延伸的裂缝和节理。相似的柱体在科罗拉多河玄武岩中光秃秃的悬崖上也有分布，数千英尺深的玄武岩大洪水曾经把华盛顿州、俄勒冈州和爱达荷州的大部分地区都淹没了。从它们的名字就可以看出来，早期的人们把这些圆柱状节理构造归因于某种超自然的力量。

由圆柱形节理形成的长长的平行多边形柱体最常见于玄武岩和其他火成喷发性岩石中。在冷却的过程中，由于体积收缩在大量熔化的岩层中出现了裂缝，把玄武岩熔岩流分裂成具有六边形截面的类似于蜂窝状的棱柱。随着冷却过程的进行，节理处会从表面向内部发展，柱状的节理也从绝大多数是四边形转变为绝大多数是六边形。地质学家们一直对裂缝形状的规则性和对称性抱有浓厚兴趣。

包括英格兰南部的史前巨石柱和太平洋中的复活节岛中巨大造像在内的巨型石碑是世界上最惊人的史前文化遗迹中的一种。从它们被发现之日起，人们已经提出了许多理论来解释它们的用途和它们是怎么到达那里的，引入了从地球之外的太空飞船到超自然能力的众多因素。在欧洲发现的数百个高大巨型岩石构成的不同圆环中，有许多似乎是用作天文学目的以分辨季节变化的。最古老的岩石纪念碑建成于公元前4,000年左右，经常是由一些被拖

图185
怀俄明州克鲁克县的
魔鬼塔国家保护区，
可以看到柱体和斜面
（由N. H. 达顿摄
影，美国地质调查局
授权）

得相隔很远的外来岩石组成。这种繁重的活动可能与对岩石的崇拜有关。

石柱

在新墨西哥州西北部盖洛普镇附近的沙漠地面上耸立着高达190英尺（约58米）以上的砂岩石柱群，由100个以上石化白蚁穴组成，看起来是同类型中全世界最大的。据估计这些白蚁穴有1.55亿年的历史，是已发现的首批产生于侏罗纪的地质遗物。在亚利桑那州的石化森林国家公园中发现的类似白蚁巢穴可以追溯到2.2亿年前的侏罗纪时期。有趣的是，昆虫学家和研究昆虫的生物学者已经了解到有一段时间这些白蚁大概生活在侏罗纪的早期，而这个时间段也正是恐龙开始兴起的时代。

一些类似希腊石柱那样矗立在海底的巨大熔岩柱高达45英尺（约13米）。这些奇怪的柱子是如何形成的目前还不清楚。目前最好的解释说这些柱子是由从火山山脊中缓慢渗漏出来的熔岩形成的。一些熔岩块突起会汇聚在一起形成一个圆环，在中间留下一出充满了水的空隙。外部与海水接触后冷却了下来，相邻的熔岩块形成了一个石柱墙。而在这些熔岩块的内部仍然是流动的，直到这些熔岩流回到出口中。这些脆弱的熔岩块随后发生了坍塌，看起来就像大的空蛋壳一样，只留下由圆环内部墙面形成的中空的柱体。

在亚利桑那州和怀俄明州的石化森林中，有一些由松树残骸形成的高大柱子，这些松树当初高达200英尺（约60米），而今已经石化为石头了。在黄石国家公园，一些树木仍然呆在它们生长的位置，不过已经成为了石化的树桩（图187）。新一代的森林在前一代森林的顶部开始生长，形成了厚达1,200英尺（约370米）的一层层石化树桩。在亚利桑那州的石化森林中，发现了一些在古代的洪水中顺流而下散落在沉积层中的树干。地下水在渗透通

图186
加利福尼亚州马德拉县魔鬼桩垛国家保护区中大型玄武岩流形成的柱状节理（摄影F. E. 马特斯，由美国地质调查局授权）

269

图187
怀俄明州黄石国家公园中标本山脊石化森林中的石化树干（摄影J.P. 艾丁斯，由美国地质调查局授权）

过沉积层的过程中用硅石取代了树干中的木质，侵蚀过程最后把这些石化了的树干暴露了出来（图188）。

犹他州南部的布莱斯谷中有很多五彩缤纷的岩石，与那些点缀在彩绘沙漠直到亚利桑那州南部的岩石很相似。在高原边缘附近一个迷宫一般的山谷中由隆起运动和侵蚀过程形成了梦幻般的大片尖顶、塔尖岩石和柱体岩石（图189）。在怀俄明州中部的魔鬼半亩地中存在着类似的构造。

图188
亚利桑那州阿帕奇—纳瓦罗县石化森林国家保护区中石化了的树干（摄影H.E. 格雷戈里，由美国地质调查局授权）

图189
犹他州加菲尔德县中布赖斯峡谷国家公园灵感台附近沃斯奇构造物的侵蚀形式（摄影乔治A. 格兰特，由国家公园管理局授权）

在犹他州的峡谷地和西部的其他地区分布着一些被称作牧土拨鼠的砂岩尖顶石，因为这些岩石的形状很像一个蹲在草丛中警惕着周围猎食动物的土拨鼠。几个这样的尖顶式聚集在一起看起来就像是一群土拨鼠。有时侵蚀力量会像通常那样显示它的技巧，在岩石上形成土拨鼠的面部和其他特征，看起来惟妙惟肖。

有时这些石像甚至连头饰都有，形成一种叫做墨西哥帽的带有宽边帽檐的帽子形状。这种岩石最多的地方大概是犹他州东南部一个名叫墨西哥帽小镇附近的莫纽门特谷地中，而这个小镇的名字也是起得恰如其分。这顶帽子正好位于一个被侵蚀过的遗迹上面，但是它并不稳定。

沉积层穹顶通常是由地壳中的盐分构造引起的地壳上升形成的。由于位于古老海床中被掩埋在地壳之下的盐类物质要比周围的岩层轻，它会缓慢地升到地表，并把上面的底层拱起来。石油和天然气经常会汇集在这种结构中，石油勘探者花费大量时间来寻找这种盐类穹顶。最引人注目的巨型盐类隆起大概是犹他州峡谷地国家公园中的阿普希弗尔圆丘。在这个结构中，上层底层被抬高形成了一个长3英里（约5千米）、宽1,500英尺（约460米）高的泡泡状隆起。

有人解释说这个结构与一个被侵蚀得很深的陨星坑有关。这个陨石坑是与由一个撞击在地球上的小行星或彗星等大型宇宙天体形成的撞击结构。自从这颗陨石在3,000万年到1亿年前撞入地面之后，侵蚀作用已经移掉了1英里甚至更厚的表面地层，使这个结构成为可能是世界上最深的陨石撞击坑。

显然最初的陨石坑在地面上形成了一个4.5英里（约7千米）宽的洞穴，在过去的很多年里这个洞穴被深度侵蚀极大地改变了。而穹顶本身似乎是由撞击力量引起的地表隆起形成的中央反弹峰。据估计这颗陨石约1,700英尺（约520米）宽，撞击在地球上的速度达每小时数千英里。这颗陨石撞击在地球上时形成了一颗可以把方圆数百英里内的所有物体烧为灰烬的巨大火球。

吹蚀现象

在海底之下的深处，强大的压力会把气团困住。压力进一步增加会使气团在海面之下爆炸，把沉积物的碎片抛洒在很大一片区域内，在海底形成巨型的大坑。气体冲出海面形成无数的泡沫之后在空气中破裂，在海洋表面形成厚厚的泡沫。一艘进入这样的泡沫海域的船只会马上失去所有平衡沉入海底，因为在这里这只船已经不再受到水的浮力。

1906年有一些海员在墨西哥湾亲眼目睹了在一次大规模的气体爆裂中在海面上形成的无数泡沫。海面在这片位于密西西比河三角洲东南海域同一个位置下7,000英尺（约2,100米）的地方发现了一个巨大的大坑。这个椭圆形的洞穴位于一座小山的顶部，长1,300英尺（约400米）、宽900英尺（约270米）、深200英尺（约60米）。在小山的斜坡上堆着200万立方码以上喷发出的沉积物。显然气体顺着一个海底裂缝向上渗透了出来，并在一层不透水的岩层下面聚集了起来。最终在压力作用下把覆盖在气体顶层的沉积层掀掉，形成一个巨大的吹蚀坑。

在法属波利尼西亚附近的太平洋海域下面，从海下火山中翻腾而出的众多泡泡发出奇特的单一频率音调。这些音调是世界上最纯净的音调，比任何乐器演奏的音调都要美妙得多。音调的低频率特征表明它一定有一个非常大的来源。在海洋深处的进一步搜索发现了数量巨大的泡沫。当海下的火山喷发出岩浆或者炽热的水流时，周围的海水会变得沸腾，成为蒸汽泡沫。当这些很致密的泡沫上升到海面之后形状就迅速地发生了改变，形成独特的单一频率的声波。

另一种类型的吹蚀穴形成于火山气体喷发释放过程中。在俄勒冈州喀斯喀德山脉地面中的洞穴正是一处巨大的火山气体喷发形成的巨型坑。它是一处数千英尺大小的完美的环形坑，其四周堆积了数百英尺高的沉积物。然而令人感到意外的是绝大多数的吹蚀坑附近都没有植被覆盖，有可能是在火山喷发中四处扩散的有毒气体造成的。另一处叫做优比希比陨石坑的相似结构是死亡谷中最令人难忘的景观之一。在1,000年前的一次爆发中，熔化了的玄武岩与较浅的地下水位接触之后立即气化了，就形成了这个结构。

壶穴

壶穴是一种在现今的河床上以及暴露出来的古代河流底部上很常见的结构（图190）。壶穴通常边缘光滑，呈圆形或椭圆形分布于坚硬的岩床如花岗岩或片麻岩上，这些岩床是颗粒粗大的火成变质岩。被认为与"冰河时期"有关的壶穴通常位于北方地区。实际上冰川本身并不会形成壶穴，当冰川融化的时候会产生大量的冰雪融水，在冰雪融水溢出的河道中引起严重的侵蚀并形成壶穴。在冰川融水形成的湖泊水量减少的过程中，冰川会对壶穴的形成起到另外一种间接作用。在这个过程中，流入湖泊中水流的落差急剧

图190
维吉尼亚州亨赖科县
詹姆斯河中花岗岩暗
礁中的壶穴（摄影
C.K. 温特沃斯，由
美国地质调查局授
权）

增加，而这些水流会向下侵蚀，形成众多的壶穴。

壶穴的形状都很相似，但是大小差别很大，其直径和深度都可以达到5英尺（约1.5米）甚至更大。宾夕法尼亚州阿奇博尔德附近有地球上最大的一的壶穴，它宽42英尺（约13米），深近50英尺（约15米）。位于壶穴底部的巨大圆形砾石影响着壶穴的形成，在冰川融水快速流动的过程中会使这些砾石旋转起来，随着这些砾石在旋转中变得越来越圆滑，侵蚀作用的范围增大的同时也使洞穴加深了。

另外一个形成于马萨诸塞州迪尔菲尔德河床上谢尔本瀑布处的大壶穴方圆接近40英尺（约12米），形成于花岗片麻岩中较小一些的几个壶穴包围着它。在纽约州莫斯岛的利特尔瀑布有极好的壶穴典型，直径达5英尺（约1.5米），深达30英尺（约9米）。在大坝下面也发现了一些最佳的壶穴，在崖壁下面曾经是飞流直下的流水，而今它们消失了，使这些壶穴暴露了出来。

绝大多数的壶穴形成于水流速非常快而且不稳定的区域，比如在落差很大而且河床很不平整的水流中，或者大量的流水涌进了一个空间较小的通道中时，也会形成壶穴。当冰川融化时会出现这种情况，这时会形成大量的冰川融水，这些融水漫出河道之后就会造成侵蚀形成壶穴。当泡沫被封闭在瀑布下的水潭中时会形成气穴现象，这种现象也会导致壶穴的形成。当水流经过坚硬的岩层和松软的沉积层的边界时，河床的底部易于变得更加陡峭。与坚硬的岩层相比沉积层更容易被侵蚀掉，会形成局部的汹涌的高速水流和瀑布。

被湍急的水流挟带的石块在磨削河床的同时也在相互碰撞着，在这个过程中它们逐渐变得圆滑起来。如果在河床的表面有不规则形状或些微的凹陷，水流流过它们时就会形成湍急的漩涡或者涡流。石块落入漩涡之后就会开始旋转，与表面上凹陷处的四周和底部不断发生摩擦，这种摩擦作用使得凹陷处宽度和深度同时增加。在壶穴中发现的圆滑的卵石和砾石通常是位于壶穴的底部，而壶穴的底部经常要比顶部更宽一些。在悬空的暗礁上发现的一些壶穴甚至能穿透整个岩层，形成较短但陡峭的倾斜通道。

在爱达荷州和蒙大拿州的交界处，曾经有一处巨大的冰坝，巨量的水被冰坝阻拦形成了一处湖泊——密苏拉湖。在距今大约13,000到15,000年之前，冰坝不断开裂，冰川融水形成的巨大洪水涌入了太平洋。在所经过的地方，洪水开凿出了地球上最独特的地形之——沟道火山地，在世界上的其他任何一个地方也找不到一系列这样的地形展示冰川洪水的巨大能量。密苏拉湖形成的洪水在地面上肆意而为，在厚厚的熔岩形成物中形成了巨大的峡谷和壶穴。这种地形的存在表明世界上其他地区存在的类似地形也是由那种灾难性的大洪水引起的。

草地坑

1984年秋天在华盛顿州中部偏北一处人迹罕至的区域发现了一大块锁孔状的土块。这片区域常被称为海斯塔克岩石，一些房屋大小的砾石使得这片区域久负盛名，这些砾石被称为六水方解石，是在冰期的末期冰川收缩过程中沉积下来的。这个大块的土块竖直地挺立着，长10英尺（约9米），宽7英尺（约2米），厚2英尺（约0.6米），重约3吨。它的周边陡峭，而底部很平坦，仿佛是被一个巨大的曲奇饼切割机从地面上切割下来的。事实上，这个比方是很恰当的，因为这个土块仿佛就是一个夹在地层中的曲奇饼。

距这片草地73英尺（约22米）远处的地面上有一处尺寸相同的洞穴。调查人员确认土块来自这个洞穴，而这个洞穴在一个月之前还是不存在的。草根都是被拉断而不是切断的，犹如一个塞子被从地面上拔掉了一样。在洞和土块之间的泥土散落成一个弯曲的路径，从它们来的洞的位置逆时针旋转了大约20度。

除此之外，数天前该地区发生的一次规模较小的地震，但没有迹象表明曾发生过爆炸或者其他的剧烈活动。这次地震的强度为3.0，而震中的位置在20英里（约32千米）之外。然而，隔着这么远的距离地震似乎并不能造成这样的破坏。不过人们发现顶层土壤之下有一层坚硬的岩床，在洞穴所在位置的正下方的岩床上形成了一处浅的碗装凹陷。大概是这种特殊的结构使得地震的能量能够汇集于此并促使整个土块跳离原来的位置而形成了这种现象。

然而这并不是一种特有的现象，在世界上的其他地区也发现了一些类似的洞穴。据已有的记录，在地震中曾发生过砾石或人被高高地抛到空中的事件。据说在1797年发生在厄瓜多尔的地震中纵冲击波把当地居民抛到100英尺（约30米）的高空中。1978年发生在犹他州的地震把拳头大小的土块抛到14英尺（约4.2米）开外之后在地面上形成了一处直径两英尺（约0.6米）的凹陷。曾经发生过的这种现象的最典型的例子是1897年印度东北部的阿萨姆地震。地震把巨大的土块抛洒到四面八方，其中一些落到地面上时甚至是底面朝天的。

除了这些，地震还会玩出其他的花样。神秘的小土墩是高达10英尺（约3米）的浑圆的土堆，丛生在世界上的许多地区。在超过150年的时间里地质学家们为此困惑不解，他们对这种地形结构提出的假设要比与其他任何一种地形有关的都要多。在许多气候显著不同的地震多发带都形成有这种小土墩，表明它们的形成是由地震中的地面震动引起的。如果一个薄的土层位于坚硬的岩层之上，局部的震动要比其他区域强得多，在这些区域就会堆积形成土墩。

喷气孔和热泉

阿拉斯加山谷中的万烟谷形成于1912年卡特迈火山的一次喷发中。一连串的爆发使得在火山西侧底部形成了一处洼地，在这片洼地上黏滞的熔岩不断累积直到达到直径800英尺（约240米）、高195英尺（约60米）。整个山谷变成长12英里（约20千米）、宽3英里（约5千米）的微黄色坚硬结构。在山谷中火山蒸汽从数千个白色的喷气空中喷发出来，热水蒸气被喷发到空中1,000英尺（约300米）高处，这也是这个山谷名为万烟谷的来由。

喷气孔是地球表面上会喷发热的气体的空洞，多分布在火山带中。它们会出现在熔岩流的表面处、喷火山口或火山的陨石坑中以及侵入性岩浆体

（如深成岩体）发生的地区。一种被称为溅落锥的喷气孔能够形成一处熔岩墩（图191）。喷气空中气体的温度能够达到摄氏1,000℃。喷气空中喷出的气体中一般含有水蒸气、二氧化碳以及少量的氮气、一氧化碳、氩气、氢气和其他气体。在被称做硫质喷气孔的其他喷气孔中喷出的主要是硫化气体，硫质喷气孔这个词来自于一个意大利词语："硫矿"。

　　"热泉"这个词来自冰岛语，包含有"不断涌出"的意思，用这个词来描述它的表现再合适不过了。热泉通常是间歇性的喷发，热水被很强的力量喷射出来，一般能达到100英尺（约30米）到200英尺（约60米）高。热水喷发之后通常伴随着一个巨大的水蒸气柱。记录中喷发的最大高度是由新西兰的怀旺格热泉完成的，在1904年的一次喷发中达到了1,500英尺（约460米）的高度。

　　形成喷气孔和热泉的基本条件是在靠近表面处有大量的缓慢冷却的岩浆体，这些岩浆可以持续提供热量。喷发出的热水和水蒸气直接来自与岩浆同时熔化的其他易挥发物或渗透到岩浆体附近的地下水，在那里这些地下水被传导来的热量加热。岩浆体中释放出来的易挥发物也能在下面对地下水进行

图191
夏威夷群岛上夏威夷县哈雷茂火山附近位于火山屋尾部的利特尔百格溅落锥，大概形成于1874年（摄影H.T. 斯特恩斯，由美国地质调查局授权）

加热。

从地下深处的热泉室中通往地面的通道通常会受到限制或者弯曲得像水槽下的排水管一样。当流水从一个水位进入热泉室内以后就会从底部开始被加热。上层水的重量对热泉室中底部的水形成巨大的压力，使底部的水不能沸腾。随着水温不断升高，一些靠近热泉通道顶部的水开始沸腾，这样上层水的重量逐渐降低从而使底部的水蒸发成水蒸气。这就克服了原来受到的限制，热水和过热的水蒸气就从气孔中喷射而出（图192）。

巨大的黄石喷火山口形成于600,000年前的一次大规模的火山喷发中，在它下面是一处火山热点。正是它提供的不间断的地热活动形成了许多热泉，比如老忠实泉，它每小时一次的喷发可以持续五分钟之久，能够形成一个130英尺（约40米）高的蒸汽柱。此外，当雨水渗入地下从一个岩浆室中获得热量之后会形成各种各样的沸腾泥浆池和热水流，并通过地壳中的裂缝到达地面之上。地震在这个地区频繁的发生，最强的一次在1959年，在那一次地震中老忠实泉按时喷发的规律被打乱了。

在类似位于下加利福尼亚南部的东太平洋隆起带那样的快速扩散裂缝带中，热水孔形成林立的高耸烟囱，通常这些烟囱还有分支。从一种叫做黑烟囱的高达30英尺（约9米）的精巧烟囱中喷发出被硫化矿物质染黑了的热水进入邻近接近冰点的深渊中。海水渗透通过地壳时会被位于裂缝下邻近的岩浆室加热，随后会被以相当大的力量喷射出去，看起来就像一个海

图192
怀俄明州黄石国家公园中一处热泉的一次爆发（摄影D.E.怀特，由美国地质调查局授权）

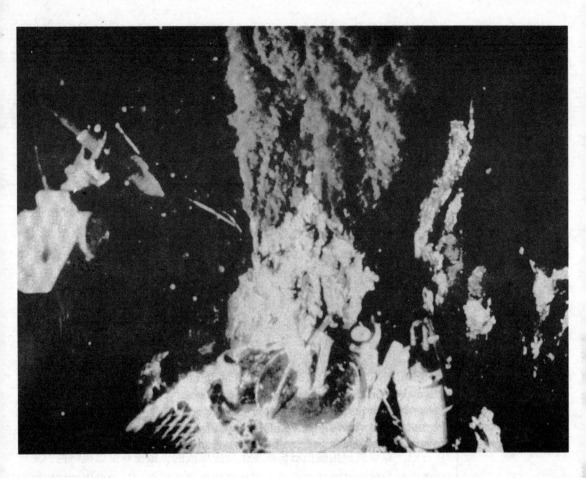

图193
含硫的热水正从热水
空中涌出进入海底冰
冷的海水中。摄影工
作在深海潜艇阿尔文
中进行，它携带了一
个温度测量计。（摄
影N.E.埃德加，由美
国地质调查局授权）

下的热泉（图193）。

气孔开口的大小在不足半英寸到6英尺（约2米）以上之间不等。在全世界的海洋中这些气孔都很常见，它们沿着洋中脊系统分布，而且人们认为它们是地球散发内部热量的主要途径。在漆黑的背景下，这些气孔会形成一种奇特的现象，它们会发光。可能是350℃的海水突然冷却造成的，在这个过程中溶解了的矿物质结晶了之后从溶液中脱离出去，它们发出的光形成了晶体荧光。尽管这种光的强度极其微弱，但显然这种发光已经足够在这深海的最底部促使光合作用发生。

位于西太平洋中世界上最深海沟附近马里亚纳海山中的那些十分诡异的白色烟囱是由一种文石形成的，文石是一种质地很独特的碳酸钙岩石，即使在这样深的海底，它也能溶解在海水中。成百上千的已经被腐蚀死掉的白色烟囱散落分布在海洋底部广阔的″墓地″中。与洋中脊附近相关的相比较而言，位于沉降区流体的温度更低，因而能形成文石与方解石等晶体。显然，从海底表面之下不断渗透来的较冷的海水使烟囱不断长高，并防止它被海水溶解掉。许多碳酸盐烟囱都很薄，而且一般不到6英尺（约2米）高。另外一些烟囱要厚得多高得多，偶尔这些烟囱还会聚集在一起形成一种类似堡垒一样的结构。

石灰华是一种由方解石或者硅石形成的多孔岩石，它多作为一种镶嵌物出现在温泉口周围。然而，在格陵兰岛西南部居然有500座以上的石灰华塔聚集在一起，坐落在伊卡峡湾冰冷的海水中。其中一些高达60英尺（约20米），在退潮的时候甚至能够看到它们的顶部。这些石灰石华塔是由一种特殊的碳酸盐构成的。这种特殊的碳酸盐叫六水方解石，当海峡深处的泉水向上渗透与含钙的温度较低海水相遇时就会形成这种碳酸盐。由于温度比较低，在矿物质沉淀过程中水分不能脱离出来，从而留在矿物质晶格中，形成了这种奇特但是很漂亮的构造物。

在世界上最深的海沟马里亚纳海沟以西约50海里（约90千米）的海面下2.5英里（约4千米）处，一片长约600英里（约960千米）、宽约60英里（约96千米）的区域内分布着丛生的海山。这些海下的山脉与绝大多数太平洋海域中的山脉不同，后者是由炽热的火山岩石构成的，而这里的海山是由蛇纹岩构成的。蛇纹岩是一种松软斑驳的绿色岩石，看上去就与绿色的蛇颜色很相像，这种岩石因而得名。蛇纹岩是一种低级的变质岩，其主要矿物质成分是石棉。蛇纹岩是由橄榄石与水发生反应形成的。橄榄石呈橄榄绿色，是一种富含铁与镁的硅酸盐，也是上层地幔的主要成分之一。喷发出的蛇纹岩沿着海山的两侧向下流动，就像熔岩在火山上的流动一样，在这个过程中蛇纹岩形成了倾斜坡度较小的结构。许多结构的高度超过了1英里，在底部延伸的距离可以达到20英里（约32千米）。

在世界上的许多地区都存在着泥浆火山，它们通常形成于上升的盐堆或者位于海沟附近。然而，在北极地区冰冷的海水下面有一处奇特的泥浆火山，它会向外喷发海底沉积物与海水混合后的泥浆。它位于水面以下4,000英尺（约1,200米），上面覆盖着一层独特的雪一样的天然气层——甲烷水合物。这座水下火山是它的同类型结构中第一个被发现的在热的泥浆火山上覆盖有一层冰一样的物质的火山。甲烷水合物是一种固体物质，在高压和低温环境下水分子被挤进一个以甲烷分子为中心的晶体格子形成。人们认为有大量的甲烷水合物被埋在大陆周围的海洋底部，它们也是地球上留下来的未被开采的最大的化合物燃料资源。

火山口湖泊

当一处休眠火山的火山口被融化的雪水或者雨水形成的淡水填满之后，就形成了一处火山口湖泊，湖泊的深度由火山口底部的深度和火山口边沿下方水面的高度决定。从火山口的岩壁上侵蚀下来的沉积物堆积在湖泊的底部形成厚厚的一层。侵蚀过程还会使得火山口变得更宽。有时候火山口底部复苏后的地质活动会在湖泊的中央形成一处新的小岛，而新的沉积物层会覆盖在这个小岛上。

在6,000年前高12,000英尺（约3,700米）的玛扎玛火山复合锥顶部的5,000英尺（约1,500米）的部分坍塌之后就被雨水和融化的雪水填满了，形成了今天位于俄勒冈州的火山口湖泊（图194）。它宽6英里（约10千米）、深2,000英尺（约600米），在世界上最深的湖泊中排行第六。火山口的边沿比湖面高出500～750英尺（约150～230米）。在一端是一个形成于后来火山活动中的较小火山峰，叫做巫士岛。1912年6月阿拉斯加州的卡特迈火山顶部的1,200英尺（约370米）处在一次爆发中被放倒，之后也形成了一个类似的火山口湖泊。在这次火山喷发中形成的火山口宽1.5英里（约2.4千

图194
俄勒冈州克拉马斯县的火山口湖泊，形成于6,000年前玛扎玛火山的坍塌中（由美国地质调查局授权）

米），深2,000英尺（约600米），其中填满了融化的雪水。

世界上最大的火山口湖泊位于苏门答腊岛北部多巴火山口中，由过去200万年间最大的一次火山喷发形成。当位于一个大型的岩浆腔体之上的顶层结构在75,000年前坍塌之后就形成了这个火山口，它在最长的方向延伸了近60英里（约96千米）。火山口的底部随后下沉了超过1英里，形成了一个深深的湖泊。随后火山口的底部像一个巨大的活塞一般向上升了数百英尺。湖泊底部结构的复苏在湖泊中央形成了一个250平方英里（约650千米）叫沙摩西的小岛，它的高度可能还在升高。

位于非洲喀麦隆的尼奥斯湖是一个火山口湖泊，在1986年8月21日它形成了一次爆发。在这次爆发中，从湖泊中发出的一波有毒气体顺着山坡绵延而下，使1,700人和许多动物丧命于毒气中。造成这次灾难的原因可能是因为一次轻微的地震在深处的湖底形成了一个裂口，把处于高压之下的火山气体释放了出来。气体被释放出来之后形成了一个巨大的气泡，气泡穿过水面之后就爆炸了，被气泡搅拌起来的沉积物把原本清澈的蓝色湖水变成了混浊的棕红色。这些密度较大的气体顺山势而下，像一个悬浮得很低的气团扩散到3英里（约5千米）之外，受害的人和动物在这种有毒气体中窒息而亡。

熔岩湖泊

恐怕地球上没有哪个地方的活动能够赶得上夏威夷岛上基拉韦亚火山的喷发来得这么强烈。每天都有成千上万立方码熔化的岩石从火山两侧的裂缝区中喷涌而出。当熔岩流穿过山脉地区之后进入海洋，使夏威夷岛的面积增加数英亩。形成这种炽热现象的源头是一个来自地球深处正穿过太平洋板块的地幔柱中的炽热岩层。这些炽热的岩层形成了五座构造出夏威夷主要岛屿的火山。

最古老的一座火山是位于岛上最北部的科哈拉火山，它上次喷发是在60,000年前，现在它在侵蚀作用下已经有了很大的变化，壮观的山谷和峡谷使它位于东北部的一部分基本上失去了原貌。在科哈拉火山正南方矗立着冒纳凯阿火山，正巧这座火山也是世界上高度最高的单个山峰，从海底上升了超过6英里（约10千米）的高度。瓦拉莱火山位于冒纳凯阿火山西南方，它上次喷发是在1801年，现在它仍然酝酿着另一次的喷发。在瓦拉莱火山东南方是冒纳罗亚火山，它也是世界上最大的盾形火山。它由将近24,000立方英里（约10万立方千米）的熔岩一股叠加在另一股之上形成，结果就形成了这个有轻微坡度的墩形构造，它也是世界上最大的单座山峰。基拉韦亚是最年轻的火山，位于冒纳罗亚火山的附近。从1980年早期到现在，熔岩不间断地从基拉韦亚的断裂区中喷发出来，随着时间的推移，这些熔岩的体积可能最终要远大于它们的源头火山。

基拉韦亚火山中深深的熔岩湖泊中充满了1,200℃熔化的玄武岩。玄武岩是一种最常见的火成岩石，它是岩浆在固化时从地表下极深处排挤出来，而后在地表上形成的。在超过500座以上的活火山中绝大部分完全是或者主要是由玄武岩组成的，这其中包括那些构成夏威夷岛的火山。在绝大部分火山的顶部都有一处壁立陡峭的凹陷区，称为火山口。火山口通过一个管道或者孔径与岩浆室相连接。当流动的岩浆顺着管道向上移动进入火山口之后就在那里积累，当填满火山口之后就会流出去。在休眠期，回流会使火山口彻底干涸。

基拉韦亚火山位于海平面以上3/4英里（约1.2千米），其形状就像一个倒过来的碟子，在顶部有一处火山坑，断裂区从这里延伸出去。爆发现象通常局限在火山坑与断裂区，尤其是东部的断裂区和火山坑中的火坑。自从1952年以来基拉韦亚火山平均每年至少爆发一次。基拉韦亚火山中的熔岩湖是以前的爆发中被围在大的池子中的玄武岩流，它没有出现过大范围的固化现象（图195）。

基拉韦亚伊奇火山口中的湖泊基本上能够达到400英尺（约120米）深。

图195
1961年夏威夷基拉韦亚火山中的熔岩池和喷泉（摄影D.H.里奇特，由美国地质调查局授权）

熔岩湖需要很长时间冷却下来并凝固，一般较浅的湖泊需要一年以上，而基拉韦亚伊奇中最深的湖泊则需要长达25年的时间。最后，把熔岩疏导进盆地中的天然堤坝发生坍塌，熔岩湖也就失去了来源，并同时从底部和顶部分别向上和向下开始凝固。一些熔岩湖则彻底消失直到火山坑的底部，就像底部的排水塞子被拔掉了一般。

为了研究基拉韦亚伊奇熔岩湖中被埋起来的熔岩体的地热势能，人们在上面进行钻孔作业。这个巨大的湖泊形成于基拉韦亚火山，在1959年的一次喷发中，熔岩流进一个深达325英尺（约100米）的古代坑中并在那里汇集起来。在爆发过程中，仅基拉韦亚火山一次爆发的能量就能满足这个时间段内整个美国2/5的能量需要。

这些熔岩湖经常就像一个旺盛的火焰喷泉一般，而实际上是数量巨大的熔化的玄武岩被高高地抛洒到空中（图196）。因高高的白热熔岩喷泉而闻名的冒纳罗阿火山能够把熔岩喷射到数百英尺高的地方，形成富有特色的"火之帘"。尽管这个过程十分壮观和猛烈，但是它们相对来说并不会对人造成什么伤害，对于观赏它们的游人来说反倒是一种极大的乐趣。高高跃起的火焰和硫磺的味道，也正是为什么这些火山往往被称作"通向地狱的大门"的原因。

结语

要掌握地质学，其中有一部分很重要的工作是要对地球表面形貌的演变进行深入的认识。侵蚀和沉积是地质现象中重要的基本过程。沉积物进入海洋盆地之后就像厚厚的一叠纸一样层层堆积起来。隆起运动和流水的侵蚀作用在沉积物层中开凿出山谷和峡谷。其中的一些峡谷的深度足以让人看见构成地球最初地壳的基层岩石。

当熔化了的岩层进入沉积物层之后，它会形成被埋在深处的花岗岩构造。如果侵蚀过程把周围的沉积物剥落之后，留下的巨大岩层就构成了宏伟的山脉。熔化了的岩石一旦到达地表，就形成了火山喷发。冰川蔓延在山脉地区运动时会把大块的岩石凿下来，而冰川融水会把沉积物堆成冰碛。

当地壳板块相互碰撞时，会有极大的构造压力作用在沉积物层上，在地壳中形成褶皱和裂缝。当断层滑移的时候，形成的强烈地震会造成滑坡和其他形式的地球运动，进一步刻画地表形貌。而褶皱带则变成巨大的山脉，其中散布着复杂的水流分布。最后侵蚀过程会把山脉削平，河流把沉积物带回了大海里，整个过程开始了又一次的轮回。

专业术语

aa lava aa熔岩：一种形成不规则大地块的熔岩

abrasion 剥蚀作用：由于磨蚀造成的侵蚀作用，主要由流水、流动的冰和风携带岩石颗粒造成的磨蚀作用。

abyss 深海：通常大于1英里深的深海

aerosol 气溶胶：微细的固体颗粒或液体颗粒分散在空气中

agglomerate 集块岩：由火山碎屑胶结形成的碎屑岩

albedo 反射率：从一个物体上反射回来的光线的数量，取决于物体的颜色和结构

alluvium 冲积物：河流相的沉积物

alpine glacier 高山冰川：高山上的冰川或山谷里的冰川

andesite 安山岩：介于玄武岩和流纹岩之间的火山岩类型

anticline 背斜：沉积层发生褶皱，沿着一条中间轴线向下弯曲

Apollo asteroids Apollo行星：来自火星和木星之间主行星带的陨石，穿过地球轨道

aquifer 含水层：地面之下的一个沉积层位，水流在此层位流过

aragonite 文石：一种钙质碳酸盐矿物，类似于方解石，出现在溶洞和热泉沉积环境中

arches 拱形：由侵蚀作用形成的拱形地貌

arête 刃脊：紧靠冰斗的尖锐山脊

arkose 长石砂岩：富长石的砂岩

ash fall 火山灰沉降：火山灰云中细小的固体颗粒沉降下来

asteroid 行星：冲击地球并形成陨石坑的岩石块体或金属块体

asteroid belt 行星带：火星和木星运行轨道之间，围绕太阳运行的行星带

asthenosphere 软流圈：在60～200英里深度之间的上地幔层位，比上部和下部岩石具有更好的塑性特征，还可能存在对流运动

astrobleme 古陨石坑：较大彗星撞击留下的年代久远的冲击构造，经侵蚀留下的残余部分

avalanche 雪崩：由地震和飓风诱发的雪堤滑坡

back - arc basin 弧后盆地：大洋俯冲带之上的岛弧后方由于伸展形成的火山洋盆体系

Baltica 波罗的古陆：欧洲古生代的古陆

barrier island 障岛：平行于海岸线的低矮绵长的海岸岛，可以保护海岸免受台风的袭击

basalt 玄武岩：一种暗色火山岩，在熔融的状态下流动性很强

basement rock 基岩：在年龄较新的沉积岩之下的火山岩、变质岩、花岗岩或高度变形的岩石

batholith 岩基：最大的岩浆岩侵入体，地表出露面积大于40平方英里

bedrock 岩床：在年龄较新的物质下面的固体岩层

black smoker 黑烟：从洋中脊冒出来的超高温热液流体，其中富含金属，当穿过洋底之后温度降低，其中溶解的金属就会沉淀出来形成黑色的烟状水流

blowout 风蚀坑：被风侵蚀形成的洼地或者在海底被喷气侵蚀形成的洼坑

blue hole 蓝洞：充满水的沉降洞穴

blueschist 蓝片岩：暴露在大陆上的俯冲洋壳发生变质形成的岩石

bolide 火流星：燃烧的流星穿过地球大气层时火球发出强烈的光并伴随着声音

breccia 角砾岩：这种岩石由棱角状的角砾碎块被磨圆非常好的基质所胶结形成

butte 平顶山：山尖很平、坡度很陡的山

calcite 方解石：一种钙质碳酸岩矿物

caldera 火山口：火山的顶部的像坑一样的凹陷，是由于火山爆发并且垮塌形成的

calving 冰裂：海洋中由冰川裂解形成的冰山

carbonaceous 含炭物质：一类含碳的物质，即一些沉积岩类如石灰岩和特定类型的陨石

carbonate 碳酸岩：含有碳酸钙的物质如石灰岩

barbon cycle 碳循环：碳在大气和海洋之间的流动，在碳酸岩中的转换，并由火山作用返回大气中

catchment area 排水区：地下水含水层的汇水区域

Cenozoic 新生代：地质时代最后的6500万年

chalk 白垩土：一种很软的石灰岩物质，主要成分是微生物碳酸钙质小壳

chert 燧石：一种硬度大、磨圆好的石英矿物

chondrite 球粒陨石：最常见的一种陨石，主要由岩石和微小球状颗粒组成

chondrule 陨石球粒：球粒陨石中橄榄石和辉石成分的圆颗粒

circum - Pacific 环太平洋带：环太平洋边缘的地震活动带，与火圈位置一致

cirque 冰斗：一种冰川侵蚀地貌，是一种前端像罗马竞技场一样的冰谷

col (call) 山坳：两个相对的冰斗形成的鞍状关口

coma 彗发：彗星外部包裹的大气层，当彗星在太阳系中行进的时候，这些气体和灰尘被太阳风向外吹，形成彗星尾

comet 彗星：来自环绕太阳的云状物质的天体，当靠近太阳系内部的时候就会出现具有气态和灰尘成分的尾巴

conduit 通道：岩浆房中的岩浆向上运移到达地表及火山物质经过的通道

cone, volcanic 火山锥：具有锥体形状的火山，是一个通用术语

conglomerate 集块岩：由磨圆度好的和磨圆度差的岩石碎块胶结在一起形成的沉积岩

continent 大陆：由浅色花岗质岩石形成的块体，漂浮在密度较大的上地幔

continental drift 大陆漂移：在地质历史过程中大陆在地球的表面漂移

continental glacier 大陆冰川：覆盖在部分大陆上的冰席

continental margin 大陆边缘：海岸线到深海之间的部分，代表大陆的边缘

continental shelf 大陆架：大陆上远离海岸的浅海地区

continental shield 大陆地盾：最原始的陆壳，大陆在其之上生长

continental slope 大陆坡：从大陆架到深海的过渡区域

convection 对流：流体介质的底部被加热之后，就形成垂向的环流，物质受
　　热之后变轻上升，然后冷却密变大下沉形成环流

convergent plate 汇聚板块：地壳板块碰撞的接触边界，通常对应深海海沟，
　　在俯冲带上老陆壳被破坏

coquina 贝壳灰岩：成分为破碎的海洋化石碎片的灰岩

coral 珊瑚：在浅海底部栖息的无脊椎动物群，是一种生活在温水中形成礁
　　体的生物群

Cordillera 科迪勒拉山系：包括北美的落基山、Cascades、Sierra Nevada和南
　　美的安第斯山在内的山系

core 地核：地球中心的部分，成分是重铁镍合金；岩芯：通过钻探获取的
　　地壳圆柱状样品

correlation 层序对比：通常利用化石将相隔很远的地层露头对等起来

crater, meteoritic 陨石坑：陨石撞击地球爆炸在地壳形成的凹陷

crater, volcanic 火山坑：火山爆发之后在火山顶部形成的倒锥形的凹陷

craton 克拉通：稳定的大陆内部区域，通常由老岩石组成

creep 蠕动：地球物质缓慢地流动

crevasse 裂口：冰川壳层深部的裂缝

crust 地壳：行星或卫星最外部的岩层

crustal plate 地壳板块：岩石圈的一部分，在构造活动中与其他板块相互作用

delta 三角洲：河流出口处的楔状沉积层

desertification 荒漠化：陆地变干旱的过程

desiccated basin 干涸盆地：古老海洋干涸之后留下的盆地

diaper 底辟：熔融的岩石上浮，穿过较重的岩石

diatom 硅藻：微体单细胞海洋生物或淡水藻类，具有硅质细胞壁

dike 岩墙：穿过古老地层的板状侵入体

divergent plate 分散板块：板块相互分离时地壳板块的边界，通常对应大洋

中脊，液态岩石从洋中脊上来固化形成新的地壳

dolomite 白云岩：石灰岩中的钙被镁替代形成的沉积岩

domepit 穹顶深坑：将坑穴不同的层位联系起来的垂向轴

dropstone 滴石：包裹在冰山中的巨砾在融化之后降落到海底

drumlin 冰锥丘：朝向冰川移动的方向的残余冰川小山丘

dune 沙丘：由风吹形成的山丘，通常可以移动

earth flow 土崩：土壤和岩石沿着坡向下流动

earthquake 地震：受到地球内部地质作用力的影响，沿着活动断层的岩石突
然断裂

East Pacific Rise 东太平洋隆起：沿着太平洋东部南北向的洋中脊扩张中
心，是发现热泉和黑烟最集中的地区

elastic rebound theory 弹性回弹理论：地震源于岩石弹力的理论

eolian 风积作用：风力将沉积物沉积下来

epicenter 震中：地震爆发区正上方，在地表相对应的位置

erosion 侵蚀：地表物质被自然力如风和流水带走

erratic boulder 怪石：从很远的地方通过冰川搬运过来的砾石

escarpment 陡崖：由于陆块上升形成的一面山壁

esker 蛇丘：冰川沉积物所具有的弯弯曲曲的山脊

evaporate 蒸发岩：在封闭的盆地中当海水蒸发之后形成的岩盐、硬石膏和
石膏沉积物

exfoliation 页片剥落：因风化作用造成岩石表面成片状剥落

extrusive 侵出作用：岩浆喷发到行星或卫星的地表形成的火成岩

facies 相：在特定环境中沉积的岩石组合单元

fault 断层：地壳岩石因为地球运动导致破裂

feldspar 长石：地壳上含量最多的岩石，由钙、钾、钠硅酸盐组成

fissure 断裂：地壳的大裂缝，岩浆通过此裂缝向上逃逸

fjord 峡湾：又长、又窄、边部又陡的山区和冰川海岸

floodplain 冲积平原：在河流泛滥时期发洪水河流附近的地区

flowstone 流石：洞穴的壁上或底部形成的矿物沉积

fluvial 河流冲积：与河流有关的沉积作用

foraminifer 有孔虫：生活在海洋水面的能分泌碳酸钙的生物，死后外壳形成

灰岩的基本组成物质并在洋底沉积

formation 建造：一种岩石单元组合，并且可以长距离追溯

fossil 化石：在地质历史早期植物或动物的留在岩石中的残骸、印记、足迹

frost heaving 冻胀作用：当水结冰后膨胀将岩石抬升到地表

frost polygons 冰冻龟裂形：反复冷冻形成的多边形

fumarole 喷气孔：泉水和其他热气从地下喷出的出口，如热泉

gabbro 辉长岩：一种暗色粗粒侵入岩

geomorphology 地形学：地表形态的研究

geosyncline 地槽：地壳盆状并拉长的沉陷构造，长度可延伸数千英里，沉积物可达数千英尺，代表了几百万年的沉积作用。地槽通常沿着大陆边缘形成并在地壳变形的时期遭到破坏

geothermal 地热：与地球内部高温岩石有关的热水和热泉

geyser 热泉：一种间歇性喷发的热水和热泉

glacier 冰川：可移动的巨厚冰层，产生在冬天下雪量大于夏天溶雪量的地区

glacier burst 冰融泛滥：因为冰川下的火山喷发活动导致冰川融化并发生洪水泛滥

glaciere 冰窖：地下形成的冰体

Glossopteris 舌羊齿属：生活在冈瓦纳大陆的晚古生代的一种蕨类植物

gneiss 片麻岩：一种条带状、粗粒的变质岩，具有不同矿物的互层现象，其组分与花岗岩基本相同

Gondwana 冈瓦纳古陆：古生代时期地区南部的超级大陆，由非洲、南美、印度、澳洲和南极洲组成，在中生代时期裂解形成现在的陆地

graben 地堑：由于断层作用，地块向下沉降形成的谷地

granite 花岗岩：一种粗粒、富硅质的岩石，主要由石英和长石组成，是大陆的主要组成物质，一般认为是由地壳的熔融产生

granulite 麻粒岩：组成陆地内部的变质岩

gaywacke 杂砂岩：由黏土质胶结的成分复杂的砂岩

greenstone 绿岩：太古代的一种绿色的变质火成岩

groundwater 地下水：大气降水渗透到地下并在地下流动的水

guyot 平顶山：从洋底上升到地表的火山，顶部被侵蚀变平，后来又沉降重新回到水下

gypsum 石膏：盐湖蒸发后生成的钙质硫酸岩

haboob 沙暴：猛烈的沙尘暴和沙风暴

half‐life 半衰期：放射性元素衰变一半时需要的时间

halite 岩盐：主要由食盐组成的蒸发盐沉积

hanging valley 上悬山谷：发育在主要冰川谷上面的冰谷，常常形成瀑布

helictite 石钟乳枝：在溶洞墙壁上形成的枝状碳酸钙沉积

hematite 赤铁矿：红色氧化铁矿石

hiatus 间断：由于沉积岩被剥蚀或没有接受沉积造成地质时代的间断

horn 角峰：冰川侵蚀形成的山尖

horst 地垒：被断层包围，被拉长并抬升的地块

hot spot 热点：与板块边界无关的火山中心；另一种解释为地幔中异常的火
    山活动区

hyaloclastic 玻质碎屑岩：冰川之下的喷发的玄武熔岩

hydrocarbon 碳氢化合物：由碳链和相连的氢原子组成的分子

hydrologic cycle 水文循环：水从海洋到达陆地，又回到海洋的过程

hydrology 水文学：对地球上水流的研究

hydrothermal 热液的：与地壳内的热水运动相关；另外还是一种由地下热水
    形成的矿床

hypocenter 震源：地震发生的源区

lapetus Sea 亚皮特斯海：联合古陆形成之前在现在大西洋的位置存在的早
    期大洋

ice age 冰期：当地球上大部分面积都被冰川覆盖的一段时期

iceberg 冰山：冰川上冰裂出的一部分进到海水中

ice cap 冰盖：两极覆盖的冰和雪盖层

igneous rocks 火成岩：从熔融态固化的岩石

ignimbrite 熔结凝灰岩：由火山碎屑物质胶结形成的坚硬岩石

impact 撞击点：天体在地面的着陆点，往往形成冲击坑

inselberg 岛山：周围都是平地的平原上矗立的孤零零的高地

interglacial 间冰期：冰期之间的温暖时期

intertidal zone 潮间带：高潮和低潮之间的海岸区域

intrusive 侵入体：在地表之下固化的火成岩

iridium **铱**：铂的一种稀有同位素，在陨石中含量相对较高

island arc **岛弧**：俯冲带上靠近陆地一侧的火山，平行于海沟并且在俯冲板
　　块熔融带的上面

isostasy **地壳均衡说**：是一条地质原理，认为地壳处于漂浮状态并随着密度
　　上升和下沉

isotope **同位素**：一种元素的原子与另一种元素具有相同的电子和质子，但
　　具有不同数量的中子；另一种是原子数相同，但原子质量不同

jointing **产生节理**：在岩石形成过程中出现平行的裂隙

kame **冰砾阜**：在冰川融化的边缘沉积形成的四周陡峭的冰砾丘

karst **喀斯特**：石灰岩层上形成无数溶洞的地区

kettle **锅穴**：当地表之下埋藏的冰川块体熔融之后形成的凹陷

kimberlite **金伯利岩**：主要由橄榄岩组成的火山岩，源于深部地幔并将金刚
　　石带至地表

Kirkwood gaps **柯克伍德环缝**：在太阳系行星带内有一条带几乎没有陨石，
　　这是因为有木星的万有引力作用

knoll **小山**：较小的圆形山丘

laccolith **岩盖**：一种穹隆形状的侵入岩体，上部的沉积岩会弯曲成拱形，有
　　时会形成山脉

lacustrine **湖沼有关的**：栖息在湖泽中或在湖泽中生成

lahar **火山泥流**：在火山侧面形成的火山物质的泥流

lamellae **纹层**：由于高压突然减弱在晶体表面形成的条纹，如受到陨石的撞击

landform **地貌**：地球表面的特征

landslide **滑坡**：由地震和恶劣天气诱发的土状物向山下迅速移动

lapilli **火山砾**：小而坚固的火山碎屑

lateral moraine **侧向冰碛**：沿着冰川侧面沉积的物质

Laurentia **劳亚古大陆**：古代北美大陆

lave **熔岩流**：在地表流动的岩浆

limestone **石灰岩**：主要成分为方解石的沉积岩，这些方解石来源于海相无
　　脊椎动物的外壳

liquefaction **液化**：在地震发生时沉积物发生液化而失去支撑力

lithosphere **岩石圈**：地幔外部的岩石层，包括陆地和海洋壳层，经过地幔对

　　流作用岩石圈在地表和地幔之间发生循环

lithospheric 岩石圈断块：岩石圈的块体，在构造活动中与其他板块发生相互作用

loess 黄土：空中尘土的厚层沉积

magma 岩浆：地球内部岩石熔融的物质，是火成岩的组成部分

megaplume 大卷流：海洋断裂之上大量的富含矿物的热水

magnetic field reversal 磁场倒转：南北磁极发生倒转

magnetite 磁铁矿：暗色富含铁的磁性矿物，有时称为天然磁石

magnetometer 磁力仪：用来测量磁场方向和强度的仪器

magnitude scale 震级：地震能量的级别

mantle 地幔：行星中壳层之下、核部之上的一部分，由高密度的岩石组成，可能存在对流活动

maria 月海：大面积玄武岩导致在月球表面形成暗色的区域

mass wasting 物质流失：岩石受到重力影响向坡下运动

megalithic monuments 巨石纪念碑：为不同目的树立的巨石，包括文化纪念碑

mesa 平顶山：孤零零的平顶山，比小山高，比高原矮

Mesozoic 中生代：字面上的意思是中年期，是指2.5亿年到6500万年前的时期

metamorphism 变质作用：火成岩、变质岩和沉积岩的重结晶作用，发生在强烈的温度和压力条件之下，但没有熔融

meteor 流星：一种小天体，当进入地球大气层时可以看到一道强光

meteorite 陨石：进入地球大气层并撞击地球的金属或石质的天体

meteoroid 陨星体：围绕太阳运行的陨星，与进入地球大气层的流星现象无关

Mid - Atlantic Ridge 大西洋－洋中脊：标志扩张边缘的洋底扩张脊，西边到北美和南美板块，东边到欧亚和非洲板块

midocean ridge 洋中脊：沿着离散板块边界分布的洋脊，在此上升的地幔物质形成新的洋壳

mima mounds 岗陵地区：由地震导致的沉积物堆积

monadnock 残山：低矮的陆地上耸立的孤零零的山

moraine 冰碛：冰川边缘融化后，侵蚀的碎屑堆积形成的隆起

Moulin 冰川锅穴：冰川融化后留下的圆柱状坑穴

mountain roots 山根：山体下面的深部地壳层

mudflow 泥流：水中携载沉积物形成的流体

nonconformity 非整合：沉积物位于结晶岩之上的一种不整合现象

normal fault 正断层：由于板块碰撞造成的一种切穿地壳的重力断层，一个
地壳块体沿着陡倾面从另一个地壳块体上向下滑

nuee ardente 炽热火山云：夹杂炽热的火山灰和热气的火山碎屑喷发

oolite 鲕粒：石灰岩中的小圆粒

Oort Cloud 彗星云：彗星汇集到一起在距太阳1光年的位置围绕着太阳

ophiolite 蛇绿岩套：经过板块碰撞被推上陆地的洋壳物质

orogen 造山带：古老山系中遭侵蚀的根部

orogeny 造山运动：板块活动造成的山体形成过程

outgassing 除气作用：行星内部的去气过程，不同于陨石的排气过程

overthrust 上冲断层：沿着这种断层，地壳块体覆在另一个块体之上经过很
大一段距离

oxbow lake 牛轭湖：河流弯曲的地方被截断形成一个湖泊

pahoehoe lava 绳状熔岩：岩浆冷却的之后形成的绳状结构的熔岩

paleomagnetism 古地磁学：对地球磁场的研究，包括地球过去的磁极的极性
和位置

paleotology 古生物学：对古代生物的研究，主要基于对动植物化石的研究

Paleozoic 古生代：25亿年到5.7亿年前的地质历史时期

Pangaea 联合古陆：包括了地球上所有陆地的一个联合古陆

Panthalassa 联合古洋：包围联合古陆的全球性大洋

pediment 山前侵蚀平原：山前向下倾斜的一条倾斜侵蚀面，其上通常覆盖着
冲积土

pegmatite 结晶花岗岩：极其富含石英和长石晶体的花岗岩

peneplain 准平原：由于侵蚀作用形成的近似平坦的陆地

peridotite 橄榄岩：地幔中最常见的岩石

periglacial 冰川周缘：指的是靠近冰川的地质过程

permafrost 永久冻结带：北极地区永久的冰冻地区

permeability 渗透性：流体在断裂、小孔、岩石相互连通的空间中穿透运移
的能力

pillow lava 枕状熔岩：熔岩流在洋底流动，形成板状的熔岩

placer 砂积矿床：冰川融化之后沉积形成的岩石堆积；或者因为水流作用而富集矿石的一种矿床类型

planetoid 小行星：通常小于月球的小天体，围绕太阳运行，火星和木星之间的陨石带可能是由于这种小行星解体形成的

plateau 高原：比周围陆地突然高出来的广阔区域

plate tectonics 板块构造：解释地表岩石圈板块相互作用特征的理论

playa 干荒盆地：沙漠盆地底部的平坦、干旱、贫瘠的地区

pluton 深成岩体：火成岩在地表之下形成的岩体，比周围的围岩年轻，是熔融的岩石侵入到老的岩石中形成的

pothole 壶穴：岩床上很深的凹陷，是由于湍急的水流或在瀑布的下方形成的

pumice 浮石：一种布满气孔、质量很轻的火山喷出物

pyroclastic 火山碎屑：火山口喷发出的碎屑喷出物

quartzite 石英岩：一种变质的砂岩

radiolarian 放射虫：具有硅质外壳的微生物，是硅质沉积物的一种主要成分

radiometric dating 放射性测年：通过化学分析一种元素的稳定与不稳定同位素来确定目标体年龄的方法

recessional moraine 退化冰碛：冰川退化时堆积的冰碛

redbed 红层：一种指示陆地沉积的红色沉积岩

reef 礁体：生活在海岛和陆地边缘的生物群，生物死后留下的外壳形成灰岩的沉积

regression 海退：海平面下降，大陆架暴露出来并受到剥蚀

resurgent caldera 复活火山口：火山重新活动的大火山口，火山口的底部被隆起

rhyolite 英安岩：一种熔融状态非常黏稠的火山岩，在爆发时通常喷发出火山碎屑

rhythmite 韵律层：由周期性沉积作用形成的规则层状沉积物

rift valley 裂谷：在大陆和海洋板块大范围裂解时的伸展中心地区

rille 沟纹：火山通道垮塌形成的沟

riverine 河流的：与河流有关的

roche moutonnee 羊背石：多节的冰川岩床表面

saltation 跳跃：风力和水流造成的沙粒的移动

salt dome 岩丘：含盐的岩颈上隆，使得表面的沉积物拱起，可以形成石油圈闭

sand boil 沙沸：在地震期间，由于液化作用，水中携载了沉积物形成喷井状的喷泉

sandstone 砂岩：由胶结的砂粒组成的沉积岩

scarp 悬崖：地球运动形成的陡坡

schist 片岩：非常细层的变质岩，可以很轻易地剥离成薄片

seafloor spreading 洋底扩张：这个理论是说沿着洋中脊将岩石圈板块分开并形成新的洋底，地幔物质从洋中脊上来充填裂谷形成新的洋壳

seamount 海山：海底的火山

sedimentary 沉积岩：将岩屑胶结在一起形成的岩石

seiche 湖震：湖面或陆地封闭海的一种波状震动

seismic 地震的：与地震能量有关或与火山地面震动有关

seismic sea wave 地震海波：由水下地震或火山诱发的海浪，也称为海啸

seismometer 地震检波器：地震波的检测仪器

shield 地盾：前寒武纪陆地核部的暴露区

shield volcano 盾状火山：由低黏度熔岩流形成的宽阔的矮火山锥

sill 岩床：沿着平行于上覆岩石的薄弱层侵位的岩浆侵入体

sinkhole 沉降洞穴：地下的石灰岩被熔解，地面发生垮塌形成的深洞

solifluction 土石流作用：冻土地带泥土物质的毁坏作用

spalling 剥落：裸露的岩石表面发生连续的层状剥离现象

spherules 球粒：出现在特定变质岩、月球土壤和地球陨石冲击区中的小而圆的玻璃质颗粒

stalactite 钟乳石：在溶洞顶部悬挂生长的锥形碳酸钙沉淀

stalagmite 石笋：在溶洞底部生长的锥形碳酸钙沉淀

stishovite 斯石英：在极其高压之下形成的一种石英矿物，可以产在巨大的陨石冲击地区

strata 地层：层状岩石建造

strato volcano 层状火山：由交替的熔岩喷发和碎屑喷发形成具有层状构造特征的准火山岩

strewn field **散落区**：出现在陨石撞击区的大面积玻璃陨石区

striae **擦痕**：移动冰川中夹杂的石块在岩床上刻出的痕迹

stromatolite **叠层石**：由分泌黏液的蓝绿藻形成的鞘状和筒状沉积建造

subduction zone **俯冲带**：大洋板块向大陆板块之下俯冲的区域，海沟在地表
   以俯冲带的形式出现

subsidence **沉降**：沉积物中的流体排出造成的沉降

surge glacier **冰川激流**：大陆冰川向海洋高速地运动

syncline **向斜**：岩层朝内部同一轴向倾斜的褶皱

taiga **温寒带针叶林**：靠近苔原带的大面积针叶林

talus cone **岩屑堆**：在悬崖底部形成的坡度很陡的岩屑堆积

tarn **冰斗湖**：在冰斗内形成的小湖泊

tectonics **大地构造**：地球历史上较大的地质特征（如岩石的形成和板块），
   及其形成这些特征的运动和作用力

tektites **玻璃陨石**：由于较大陨石的撞击引起地表岩石的熔融所形成的小玻
   璃球

tephra **火山灰**：火山喷发时喷出的碎屑物质，小到灰尘颗粒，大到岩块

terrace **阶地**：河岸上的很窄很陡的平滩

terrane **地体**：附着在大陆上的单独地壳块体

Tethys Sea **特提斯洋**：中纬度地区假设的一个大洋，将北部的劳亚古陆和南
   部的冈瓦纳古陆分开

till **冰碛**：由冰川作用沉积下来的物质

tillite **冰碛岩**：冰碛堆积形成的沉积岩

transform fault **转换断层**：一种地壳断裂，沿着这种断裂发生侧向运动

transgression **海进**：海平面上升导致陆地边缘发生泛滥

trapps **暗色岩**：一系列的聚集成阶梯状的块状熔岩

trench **海沟**：由板块俯冲在洋底形成的深沟

tsunami **海啸**：由于水下地震或近岸地震或火山喷发造成的地震海浪

tuff **凝灰岩**：由火山碎屑形成的岩石

tundra **苔原带**：高纬度和海拔地区的永久冰冻区

unconformity **不整合**：剥蚀面将年轻的岩层和年老的岩层分开

uniformitarianism **均变论**：这种理论是说改变地球形状的缓慢过程在整个地

质历史时期都没有本质的改变

upwelling 上涌：岩浆或洋流的上升过程

varves 纹泥层：由冰川融水在湖泊内沉积的薄层沉积物

ventifact 风棱石：风将砂粒卷起进行磨蚀形成的石头

volatile 挥发分：岩浆中能控制喷发样式的物质，如水、二氧化碳

volcanic ash 火山灰：火山喷发后喷入大气中的细粒火山碎屑物质

volcanic bomb 火山弹：从火山喷发出的岩浆团固化形成的团块

volcano 火山：熔融的岩石通过裂缝和火山口上升到地表形成山体

译后记

沧海桑田，地球的奥秘就蕴藏在这漫长的时空变化中。我们生活的地球是怎样构造的？在漫长的演化过程中，又发生了哪些变化？是谁在地球上雕刻了壮美秀丽的山脉、河流、沙漠、高原？从人类诞生时起，大自然的伟力改变着我们的自然环境和生活方式，在抗争与适应的反复之间我们逐渐地认识地球、了解地球，在漫长的认知和探究过程中，形成了丰富系统的地球科学体系。

《活力地球》丛书为我们开启了这样一个认识地球、了解地质科学的窗口。地质学博大精深，严密逻辑和辩证思维是深入理解地球科学的一把钥匙，而这套丛书通俗易懂，内容翔实、丰富，可读性很强，并配有野外图片增强了读者对内容的理解，有助于全面了解地球的形成、演化、地貌的形成和变迁。因此这套丛书可以激发青少年对地球科学的兴趣，为他们打开一扇全面了解地球科学的大门。此外，本书还可以作为认识地球科学的科普读物，适合不同年龄段群体阅读和学习。

　　本人有幸能够参与这套丛书的翻译工作，与半导体所的侯奇峰博士合作翻译了活力地球系列丛书中的《探索地表的奥秘——岩石与特殊地质》一书，本人负责前6章的翻译，侯奇峰负责后6章的翻译工作。本书详细介绍了地壳结构、大陆的形成演化、沉积和剥蚀作用、地质年代与地层层序、地质构造、火山作用、冰川作用、裂谷构造、沙漠和海滩地貌、洞穴构造、地质灾害、陨石撞击构造和其他一些特殊的地质构造现象。这本书内容丰富、数据可靠、深浅有度、逻辑性强，是一部有助于读者全面了解地质作用的科普读物。在翻译的过程中，我们力求保证原文的专业准确性，又用了较通俗的语言来表达，企望读者能够在容易理解的前提下，对书中的概念和理论得到准确清晰的认识。

　　由于书中涉及大量地名、人名、机构名称和专业词汇，加之译者水平有限、时间仓促，书中若有漏误，烦请读者不吝指正。

　　最后感谢杨林玉编辑对翻译工作的关心和信任。

孙赫

2009年6月19日于北京